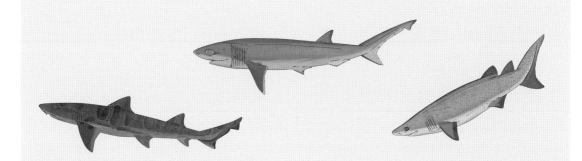

くらべてわかる

サメ

監修―**アクアワールド茨城県大洗水族館**　　絵―**めかぶ**

山と溪谷社

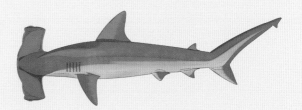

はじめに

　「パニック映画に登場する巨大な人食いザメこそがサメである」。幼少時代、サメに対するイメージは、まさにこのような「恐怖の生き物」でした。美しく、不思議で満ちあふれた素晴らしいサメの世界への扉を開けるまでは…。

　私は水族館でサメ飼育員として、日々サメたちと向き合う生活をしています。かっこいいサメやかわいいサメなど、姿かたちは多様性に富んでいます。棲んでいる場所やエサの食べ方、繁殖方法などの生態も種類によって様々です。そんな彼らに毎日接していると、「恐怖の生き物」というイメージはいつの間にか完全に消え去ってしまいました。

　現在、サメは世界で530種を超えますが、人を襲う可能性があるのはわずか数種類程度で、多くのサメは人を襲うことはありません。全長が1mにも満たない、おとなしい性格の小型種も多く、とても愛らしい生き物なのです。また、サメの祖先はおよそ4億年前に地球に現れ、およそ1億5千万年前には、現生のサメと同じような姿になりました。古代から変わらぬ姿で今を生きるたくましい魚でもあります。

　本書では、世界中の海に棲息する魅力的なサメたちに出会うことができます。ぜひ本書を片手に、水族館のサメたちに会いに来てください。きっと今まで以上にサメの魅力に引き込まれ、素晴らしいサメの世界への扉が開かれるでしょう。

アクアワールド茨城県大洗水族館

徳永幸太郎

目次
もくじ

サメの基本を知ろう

まずは各部の名称と、「目」「科」と呼ばれるサメのグループ分けを押さえておこう。

① 体の名称を知ろう

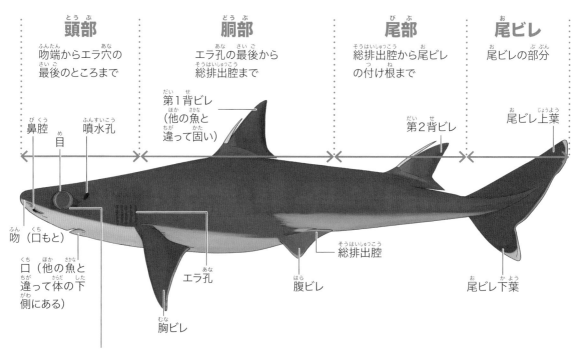

全長
吻端から尾ビレの先端までの長さ

頭部
吻端からエラ穴の最後のところまで

胴部
エラ孔の最後から総排出腔まで

尾部
総排出腔から尾ビレの付け根まで

尾ビレ
尾ビレの部分

第1背ビレ（他の魚と違って固い）

鼻腔

目

噴水孔

第2背ビレ

尾ビレ上葉

吻（口もと）

口（他の魚と違って体の下側にある）

エラ孔

腹ビレ

総排出腔

胸ビレ

尾ビレ下葉

瞬皮（目の下部分にある未発達のまぶた）
瞬膜（目の内側から出ている発達したまぶた）

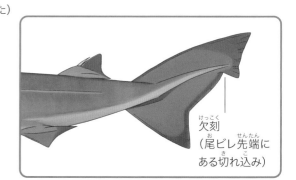

欠刻（尾ビレ先端にある切れ込み）

② サメのグループ分けを知ろう

サメは、体形や吻、口、目など体の特徴を元に、大きく9つの「目」というグループに分けられる。さらにその中でも近い特徴を持つサメたちは「科」というグループに分けられる。

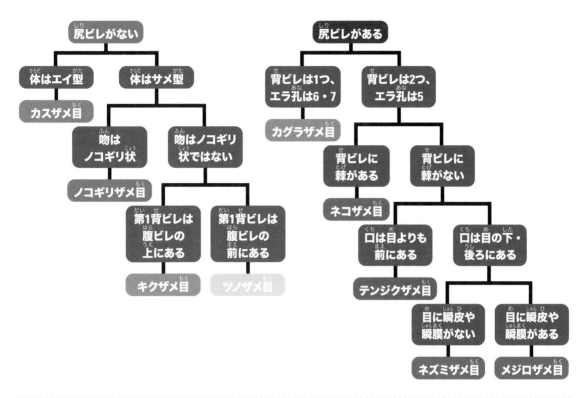

尻ビレがない
- **体はエイ型** → **カスザメ目**
- **体はサメ型**
  - **吻はノコギリ状** → **ノコギリザメ目**
  - **吻はノコギリ状ではない**
    - **第1背ビレは腹ビレの上にある** → **キクザメ目**
    - **第1背ビレは腹ビレの前にある** → **ツノザメ目**

尻ビレがある
- **背ビレは1つ、エラ孔は6・7** → **カグラザメ目**
- **背ビレは2つ、エラ孔は5**
  - **背ビレに棘がある** → **ネコザメ目**
  - **背ビレに棘がない**
    - **口は目よりも前にある** → **テンジクザメ目**
    - **口は目の下・後ろにある**
      - **目に瞬皮や瞬膜がない** → **ネズミザメ目**
      - **目に瞬皮や瞬膜がある** → **メジロザメ目**

この本の見方

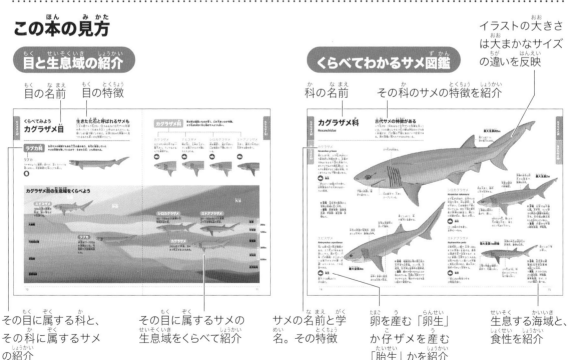

目と生息域の紹介

目の名前　　目の特徴

その目に属する科と、その科に属するサメの紹介

その目に属するサメの生息域をくらべて紹介

くらべてわかるサメ図鑑

科の名前　　その科のサメの特徴を紹介

イラストの大きさは大まかなサイズの違いを反映

サメの名前と学名。その特徴

卵を産む「卵生」か仔ザメを産む「胎生」かを紹介

生息する海域と、食性を紹介

サメのカラダ

サメといっても、歯や頭の形、目の大きさやエラ孔の数など本当にさまざま。
ここでは、歯の形と役割、頭、エラ孔などを比べながらサメの体を紹介する。

1週間程度！で生え変わるサメの歯

サメの歯は、獲物を食べるためだけではなく、戦うときの武器になるため、とても丈夫。体の骨が軟骨でできているため、化石として残っているのはこの丈夫な歯だ。あごの内側でどんどん作られて外側に移動して、種類によっては1週間程で生え変わるとも言われている。サメによって形や並び方が違うが、役割は「押さえる」「刺す」「切る」と大きく3つに分けられる。

役割その1
「押さえる」

カグラザメ目のラブカのように、丸形や小さな棘状の歯は、獲物を押さえるのに役立つ。

役割その2
「刺す」

ネズミザメ目のシロワニのような細長く楊枝のような歯は、獲物を刺すのに役立つ。

役割その3
「切る」

ホホジロザメの歯は、三角形でノコギリのようなギザギザがあるため、獲物を切り取るのに役立つ。

2 頭と口にはいろいろな形がある

頭の先端は吻と呼ばれ、その近くに口がある。吻の形はピラミッドのような方すい形が多いが、中にはノコギリのように細長いものや、板のようになっているものもある。

頭が板！？アカシュモクザメ

頭部が板のように左右に張り出しているため、真上から見たら「T」の字をしている。

頭にノコギリ！？ノコギリザメ

吻部が細長く、ノコギリのような棘のある頭部。

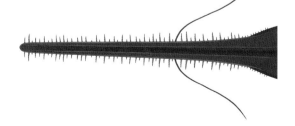

③ その数も大きさもいろいろ！エラ孔

呼吸をするときに水が出入りするエラ孔の数は、多くのサメは5対だが、6〜7対あるものや、大きなエラ孔があるものもいる。

エラ孔の数が6対！カグラザメ

エラ孔が6対なのは古代ザメの特徴。カグラザメ目に属するサメはエラ孔の数は6〜7対だ。

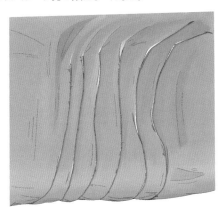

エラ孔が大きい！ウバザメ

腹部から背中にまで、とても大きいエラ孔がある。

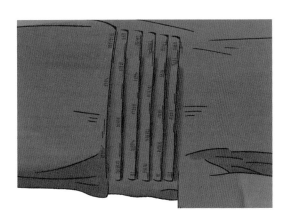

④ ヒゲ・棘…フシギがいっぱい！サメのカラダ

サメの仲間は、背ビレの前に鋭い棘を持つサメ、ヒゲのあるサメなどユニークなカラダの特徴を持つ種類が多い。

鋭い棘を持つフトツノザメ

第1背ビレと第2背ビレにある鋭い棘は、敵に襲われた時に力を発揮して、身を守るのに役立つ。

これはヒゲ？オオセ

オオセ科のサメには、頭の周囲にヒゲのような皮弁がある。

くらべてわかる サメのフシギ

ここでは子孫を残すための方法や、生き残るための獲物の捕獲方法などサメの不思議な生態を
くらべてみよう。

1 卵か仔ザメか、どっちを産む?

サメは卵を産む「卵生」と仔ザメを産む「胎生」の2通りの種類がいる。

卵生
卵を産むタイプ。

単卵生型
産卵される卵の数が2個と決まっている。またポートジャクソンシャークのドリル型の卵、らせん状のシマネコザメの卵など変わった形のものが多い。

複卵生型
ある程度の期間、母体の中で生育され一度にたくさん産卵される。ナガサキトラザメやヤモリザメがこのタイプだ。

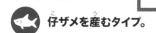
胎生
仔ザメを産むタイプ。

卵黄依存型胎生
仔ザメは母親の体内で卵黄を吸収して産まれてくる。

母体依存型胎生
仔ザメは母親の体内で栄養をもらって成長し産まれてくる。

2 体の特徴を武器に 獲物をハントする不思議なサメ

肉食のサメにとって、生きるために必要な獲物を捕るという行為。
その不思議で独特な身体的特徴を武器に、ハンターとなるサメがいる。

長〜い尾ビレで叩いて捕る オナガザメ科のサメ

ひときわ長い尾ビレを持つオナガザメ科のサメ。この長い尾ビレで、イワシなどの魚の群れを小さくまとめ、それを叩いて食べ物を手に入れる。

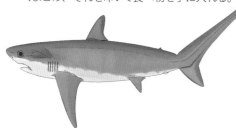

ビッグマウスで大量のプランクトンをゲット!メガマウスザメ

全長6mを超えるメガマウスザメの口は巨大だ。ノドも膨らむので大量の水を口の中に入れながら、エサであるプランクトンを手に入れる。

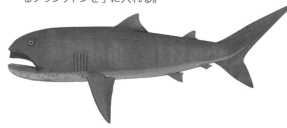

なんでも！サメランキング

大きさも泳ぐスピードも体の特徴も、いろいろくらべたらいろいろわかった！
いろんな一番を紹介する。

泳ぐスピードが最も速い！

アオザメは瞬間的に時速35km以上の速さで泳ぐことができ、サメの中で最も速いと言われる。また1日に60km近くを泳いだり、全長の数倍の高さまでジャンプしたりできる。

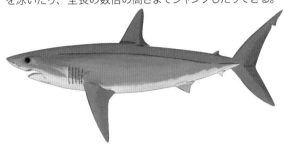

一番危険！

日本近海のサメは比較的おとなしいものが多いが、中には気をつけなくてはいけないサメが、ホホジロザメだ。大きな体で、鋭い歯で噛みついてくる。

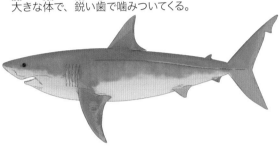

超ビッグで超子だくさん！

今まで見つかったジンベエザメの最大は21m！
また307尾の胎仔が発見されたこともある。

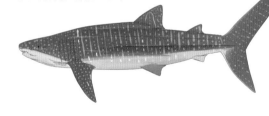

エラ孔の数が一番多い

5つのエラ孔が普通だが、エビスザメとエドアブラザメはエラ孔がなんと7つ！

ネズミのように小さい！

ネズミザメ目の中でもひときわ小さいのがミズワニ。

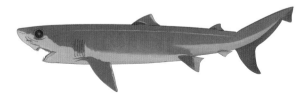

一番深いところにいる！

サメ類の最深記録保持サメがフトカラスザメ。
水深3,750m〜4,500mの深海に棲んでいる。

くらべてみよう
カグラザメ目もく

生きた化石と呼ばれるサメも

三又の歯やエラ孔が6〜7対もあるなど古代ザメの特徴を持っていて「生きた化石」と呼ばれるものもいる。背ビレは1基で臀ビレがある。水深1000mの深海から見つかるものが多いのも特徴のひとつ。

ラブカ科か

古代ザメの特徴でもある三又の歯があり、古代に生息していたサメの形質を残しているので「生きた化石」とも呼ばれる。

ラブカ P12

ウナギのように細長い体だが、泳ぐスピードは速くはない。妊娠期間が2年ととても長い。

カグラザメ目もくの生息域せいそくいきをくらべよう

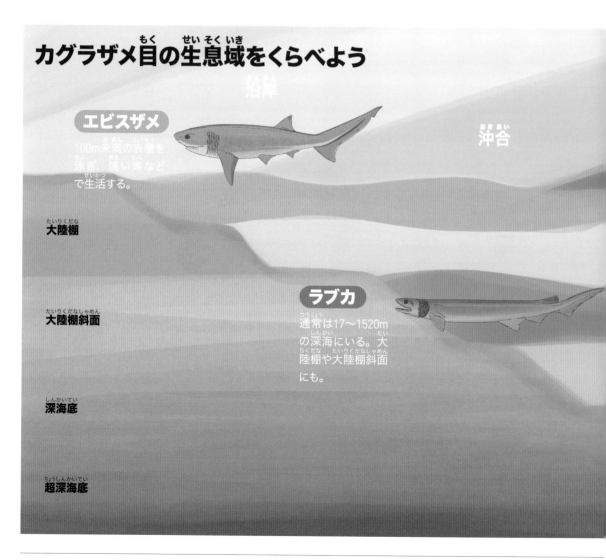

沿岸

沖合おきあい

エビスザメ
100m未満の表層を泳ぎ、浅い湾などで生活する。

大陸棚たいりくだな

大陸棚斜面たいりくだなしゃめん

ラブカ
通常は17〜1520mの深海にいる。大陸棚や大陸棚斜面にも。

深海底しんかいてい

超深海底ちょうしんかいてい

カグラザメ科

**体の形は細長いものが多く、口が大きいのが特徴。
エラ孔は6対か7対と他のサメよりも多い。**

カグラザメ P14

カグラザメ科の中では一番大きい。クジラなどなんでも捕食する。

エビスザメ P14

吻が丸く、口角が上がっている様子がえびす顔にたとえられる。

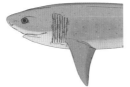

シロカグラザメ P15

体は細長く、目が大きい。口は頭部の下側に付いている。

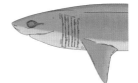

エドアブラザメ P15

大きく、緑色で光をよく反射する目を持つ。

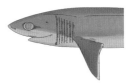

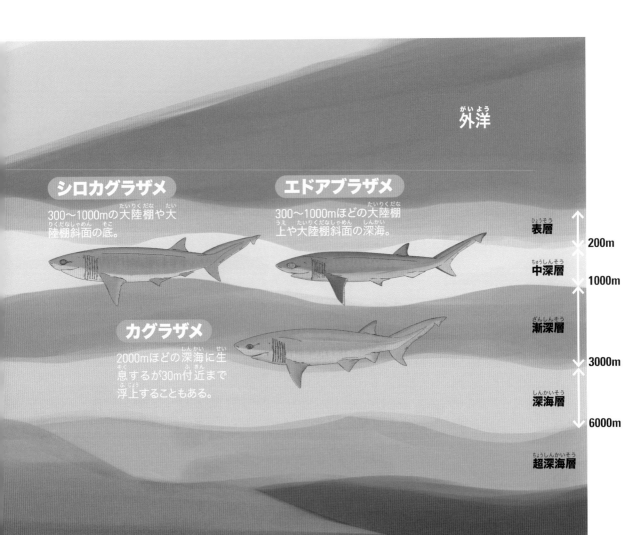

外洋

シロカグラザメ
300〜1000mの大陸棚や大陸棚斜面の底。

エドアブラザメ
300〜1000mほどの大陸棚上や大陸棚斜面の深海。

カグラザメ
2000mほどの深海に生息するが30m付近まで浮上することもある。

表層 ——200m
中深層 ——1000m
漸深層 ——3000m
深海層 ——6000m
超深海層

11

ラブカ科か

Chlamydoselachidae

生きた化石

数が少なく、通常は50〜1500mの大陸棚や大陸棚斜面に生息し、海水が表層に向かって湧き上がる湧昇流などのエサが多い海域を好む。古代ザメの特徴でもある三又の歯があるので「生きた化石」とも呼ばれる。

ラブカ

Chlamydoselachus anguineus

ウナギのような細長い円筒型の体で、体を波打たせて泳ぐ。大きい口は普通のサメと違い、体の前端にあって、あごを大きく開いてエサを捕る。また三又状で突起が出た300本もの歯が、きれいな配列で並んでいる。

最大全長約2m

青くビー玉のような大きな目。

やや丸く平たい頭部。

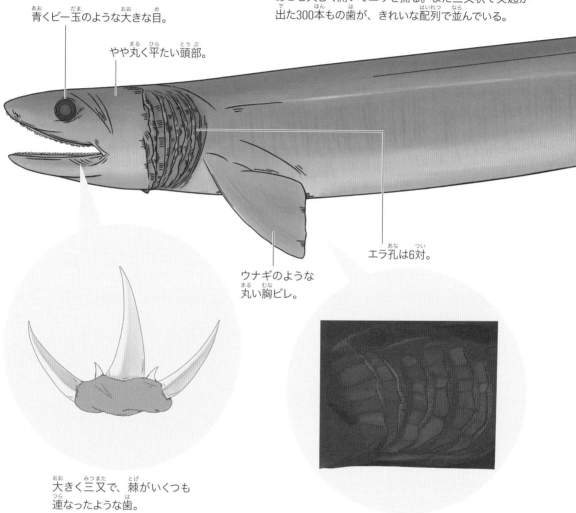

ウナギのような
丸い胸ビレ。

エラ孔は6対。

大きく三又で、棘がいくつも
連なったような歯。

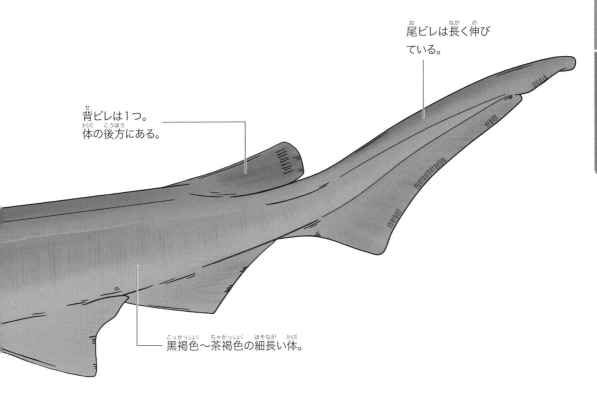

尾ビレは長く伸びている。

背ビレは1つ。体の後方にある。

黒褐色〜茶褐色の細長い体。

胎生
子宮内で卵を孵化させてから体外に2〜15尾ほどを産む。仔ザメが体外に出てくるときの大きさは約40〜60cm。妊娠期間は約2年と非常に長い。

●**分布**：日本では相模湾や駿河湾。世界各地に生息。
●**食性**：自分よりも小柄なサメや硬骨魚類、イカなどの頭足類など。

「ラブカは1種類？」

ラブカは1種類のみとされていたが、2009年、南アフリカ沖に生息する個体は別種のミナミアフリカラブカとされた。この種は脊椎骨数がラブカより多く、腸の螺旋弁数がラブカより多い。また、頭部はより長く、エラ裂もより短い。

「呼び名もいろいろ」

日本では方言名として、東京近郊でオカグラ・ハブザメ、房州でトカゲウオ・マムシ、静岡県の一部地方ではカイマンリョウなどがある。ラブカを漢字で表すと「羅鱶」となる。皮膚の表面が滑らかで、羅紗（ラシャ）を連想させることが由来とする説もある。

カグラザメ科

Hexanchidae

古代ザメの特徴がある

エラ孔が6〜7対あるなど古代ザメの特徴を持っている。1つの背ビレやエラ孔の数は同目のラブカ科と共通だが、口が頭の下側にあることで区別できる。海の浅場に現れたりするものもいる。

カグラザメ

Hexanchus griseus

背ビレが1つ、エラ孔が6対という原始的な特徴を持つ。体重が700kgにもなる大型の深海ザメ。またクジラなど、なんでも捕食するどう猛な性格。ノコギリのような下顎の歯がある。

 胎生

一度に47〜108尾の仔ザメを産む。出産直後の仔ザメの大きさは60〜75cm程度。

●**分布**：全世界の熱帯から温帯の海域に広く分布。
●**食性**：軟骨魚類・海産哺乳類・甲殻類・頭足類・貝類など。

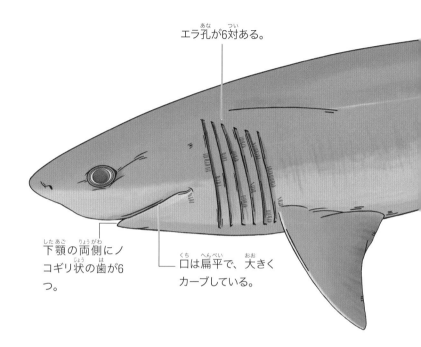

エラ孔が6対ある。

下顎の両側にノコギリ状の歯が6つ。

口は扁平で、大きくカーブしている。

エビスザメ

Notorynchus cepedianus

体には黒や白の斑点模様がある。エラ孔が7対もある珍しいサメ。吻が丸く、口角（口の両端）が上がっている様子がえびす顔（笑顔）にたとえられ、この名前がある。

 胎生

最大で100尾ほどの仔ザメを産む。

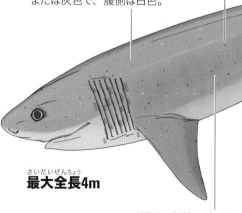

背ビレは1つ、体の後方に位置する。

体型は流線型に近い円筒形。

体色は背側が暗褐色〜黒色または灰色で、腹側は白色。

最大全長4m

体中に多数の黒色または白色の斑点。

●**分布**：相模湾以南の南日本の太平洋や日本海。インド洋、大西洋、太平洋と世界中の温帯域。
●**食性**：群れで狩りをすることが知られている。仲間と共同でアザラシやイルカ、他のサメなどを追い詰めて捕食する。

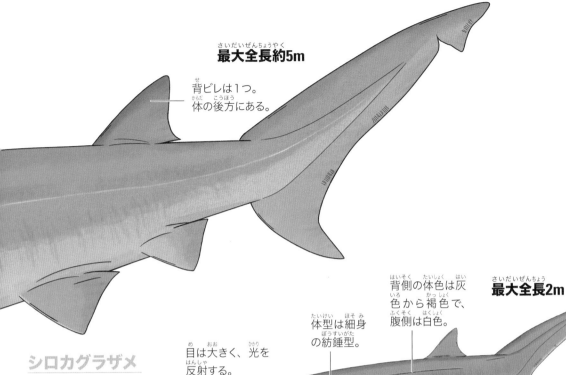

最大全長約5m

背ビレは1つ。
体の後方にある。

背側の体色は灰
色から褐色で、
腹側は白色。

体型は細身
の紡錘型。

最大全長2m

目は大きく、光を
反射する。

シロカグラザメ

Hexanchus nakamurai

エラ孔が6対あり、古代ザメの
特徴を残す。体は細長く、目が
大きい。口は頭部の下側に付
いている。また下顎には櫛状の
歯が両側に6個並ぶ。胸ビレの
後縁がくぼみ、尾ビレが長い。

上顎歯は鉤状に
曲がり、鋭い。

6対のエラ孔。第1エラ
孔が最も大きく、後ろ
のエラ孔ほど小さい。

 胎生

13〜26尾の仔ザメを産む。
全長40〜45cm。

● **分布**：日本では中部
以南。太平洋、インド洋
その周辺の温暖な海域に
分布。分布域は限定的
にしか分かっていない。
● **食性**：小型から中型
の硬骨魚類、甲殻類。

エドアブラザメ

Heptranchias perlo

比較的珍しい種で、水深1,000m
までの深海に生息する。普段
は海底付近で生活するが、稀
に表層に出現することもある。
仔ザメは背ビレと尾ビレの先端
に黒色の斑模様がある。目は大
きく、緑色で光をよく反射する。

最大全長1m前後

背側の体色は濃灰褐色か
灰褐色、腹側は白色。

尾ビレ上葉が
長い。

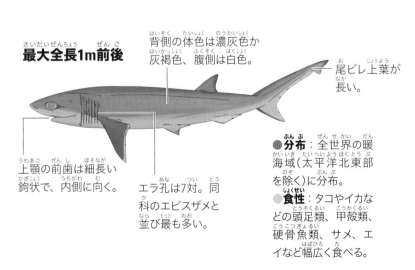

上顎の前歯は細長い
鉤状で、内側に向く。

エラ孔は7対。同
科のエビスザメと
並び最も多い。

 胎生

一度に25cm程度の仔ザ
メを20尾程度産む。

● **分布**：全世界の暖
海域（太平洋北東部
を除く）に分布。
● **食性**：タコやイカな
どの頭足類、甲殻類、
硬骨魚類、サメ、エ
イなど幅広く食べる。

くらべてみよう
キクザメ目_{もく}

菊の形に似た棘状の楯鱗を持つ

太平洋の大陸棚や大陸棚斜面、海底谷で水深100〜650mの低温の海域で見られる。体は太く、全体に大小さまざまな大きさの菊の形をした、棘状の楯鱗（サメやエイなどに特有の鱗）があるのが特徴。最大で全長4.5mにもなる大型のサメ。

キクザメ科_か　棘状の楯鱗があり、体が太いという特徴がある。

キクザメ P17
体全体に大小さまざまな大きさの菊の形に似た棘状の楯鱗がある。

コギクザメ P17
菊の形に似た棘状の楯鱗があり、基底部から放射状に溝が広がる。

キクザメ目_{もく}の生息域_{せいそくいき}をくらべよう

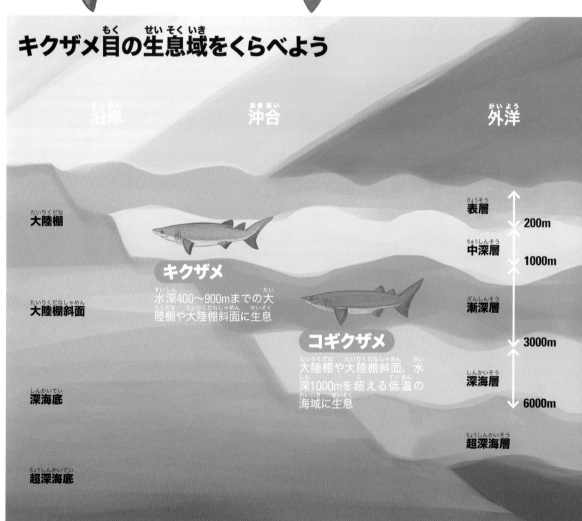

沿岸　　沖合_{おきあい}　　外洋_{がいよう}

表層_{ひょうそう}
200m
中深層_{ちゅうしんそう}
1000m
漸深層_{ざんしんそう}
3000m
深海層_{しんかいそう}
6000m
超深海層_{ちょうしんかいそう}

大陸棚_{たいりくだな}

キクザメ
水深400〜900mまでの大陸棚や大陸棚斜面に生息

大陸棚斜面_{たいりくだなしゃめん}

コギクザメ
大陸棚や大陸棚斜面、水深1000mを超える低温の海域に生息

深海底_{しんかいてい}

超深海底_{ちょうしんかいてい}

キクザメ科

Echinorhinidae

謎が多い？！サメ

キクザメはめったに発見されない種であり、通常水深400〜900mくらいの海底で生活するが、それより浅い海に現れることもある。深海性の稀種であるため、その生態はあまり知られていない。太いがっしりとした魚体の後方に2つの小さな背ビレを持ち、臀ビレは持たない。体表に大きな菊の形をした、棘状の楯鱗が散在していることにより他種と容易に区別できる。体色は茶色か黒色である。

キクザメ

Echinorhinus brucus

キクザメは、鋭い棘状で菊の形をしたフジツボのような楯鱗が体中に散在しているのが特徴だ。深海からめったに浮上しないのか、数を減らしつつあるのか分からないが、ほとんど発見されない希少なサメである。体は悪臭を放つ粘膜に覆われている。

● **分布**：東部太平洋を除く、世界中の熱帯・温帯海域など。
● **食性**：軟骨魚類、硬骨魚類、頭足類、甲殻類など。

最大全長3m

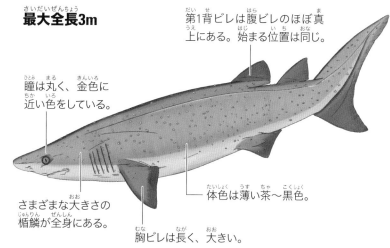

第1背ビレは腹ビレのほぼ真上にある。始まる位置は同じ。

瞳は丸く、金色に近い色をしている。

さまざまな大きさの楯鱗が全身にある。

胸ビレは長く、大きい。

体色は薄い茶〜黒色。

 胎生

卵黄依存型胎生。10〜52尾の仔ザメを産むと思われる。

コギクザメ

Echinorhinus cookei

体表にはさまざまな大きさ（最大で1.5cm程度）の楯鱗（皮歯）が不規則にある。楯鱗は棘状で、その基底部から放射状に溝が広がっていて菊の花びらのように見える。

 胎生

捕獲された母胎内に114尾の仔ザメが確認された例がある。

最大全長4m

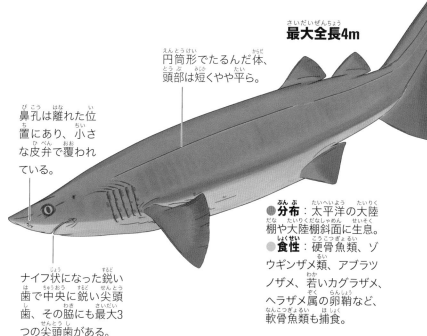

円筒形でたるんだ体、頭部は短くやや平ら。

鼻孔は離れた位置にあり、小さな皮弁で覆われている。

ナイフ状になった鋭い歯で中央に鋭い尖頭歯、その脇にも最大3つの尖頭歯がある。

● **分布**：太平洋の大陸棚や大陸棚斜面に生息。
● **食性**：硬骨魚類、ゾウギンザメ類、アブラツノザメ、若いカグラザメ、ヘラザメ属の卵鞘など、軟骨魚類も捕食。

17

くらべてみよう
ツノザメ目

ツノを持っているツノザメ

ツノやツノ状の棘を持っているのが大きな特徴。エラ孔は5対で背ビレは2基あり、臀ビレがなく、円錐形の吻を持つ。ツノザメ科・アイザメ科・カラスザメ科・オンデンザメ科・ヨロイザメ科・オロシザメ科の6科ある。

ツノザメ科
2基の背ビレの前に鋭い棘が1本ずつある。

アイザメ科
水深200mより深い海域に棲むサメ。

ツノザメ目の生息域をくらべよう

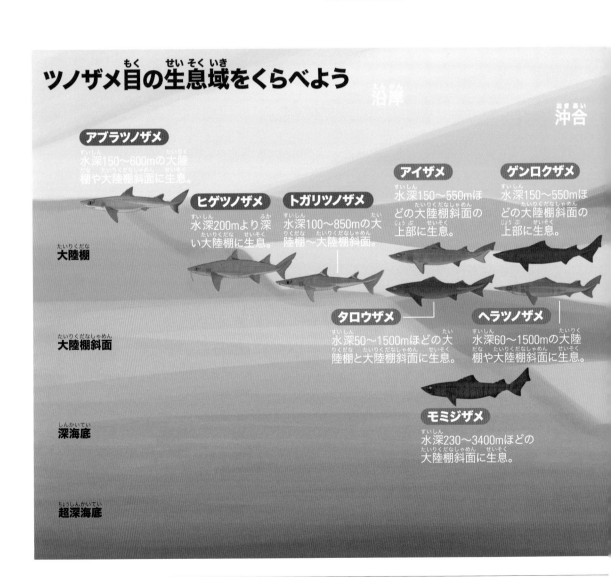

沿岸

沖合

アブラツノザメ
水深150〜600mの大陸棚や大陸棚斜面に生息。

ヒゲツノザメ
水深200mより深い大陸棚に生息。

トガリツノザメ
水深100〜850mの大陸棚〜大陸棚斜面。

アイザメ
水深150〜550mほどの大陸棚斜面の上部に生息。

ゲンロクザメ
水深150〜550mほどの大陸棚斜面の上部に生息。

大陸棚

タロウザメ
水深50〜1500mほどの大陸棚と大陸棚斜面に生息。

ヘラツノザメ
水深60〜1500mの大陸棚や大陸棚斜面に生息。

大陸棚斜面

深海底

モミジザメ
水深230〜3400mほどの大陸棚斜面に生息。

超深海底

→P20へ

カラスザメ科

オンデンザメ科

ヨロイザメ科

オロシザメ科

外洋

オキナワヤジリザメ
水深約450～800mの深海に生息。

フトツノザメ
生息水深は50～320m。日本近海を含む西部太平洋など分布域はまばらで広い。

ヒレタカツノザメ
水深180～790m。

サガミザメ
水深500～1300mほどの海底付近の深海部に生息。

ツマリツノザメ
水深100～650mの海底付近。

表層 ↕ 200m
中深層 1000m
漸深層 3000m
深海層 6000m
超深海層

ツノザメ科

アイザメ科

カラスザメ科

背ビレに大きな棘がある

ツノザメ目の生息域をくらべよう

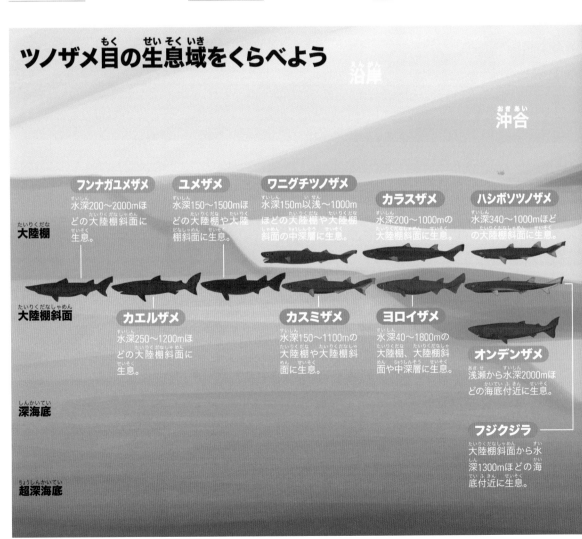

沿岸

沖合

大陸棚

大陸棚斜面

深海底

超深海底

フンナガユメザメ
水深200〜2000mほどの大陸棚斜面に生息。

ユメザメ
水深150〜1500mほどの大陸棚や大陸棚斜面に生息。

ワニグチツノザメ
水深150m以浅〜1000mほどの大陸棚や大陸棚斜面の中深層に生息。

カラスザメ
水深200〜1000mの大陸棚斜面に生息。

ハシボソツノザメ
水深340〜1000mほどの大陸棚斜面に生息。

カエルザメ
水深250〜1200mほどの大陸棚斜面に生息。

カスミザメ
水深150〜1100mの大陸棚や大陸棚斜面に生息。

ヨロイザメ
水深40〜1800mの大陸棚、大陸棚斜面や中深層に生息。

オンデンザメ
浅瀬から水深2000mほどの海底付近に生息。

フジクジラ
大陸棚斜面から水深1300mほどの海底付近に生息。

オンデンザメ科

**全長7mを超える巨大な種も！
棘は小さいものやないものも**

ヨロイザメ科

オロシザメ科

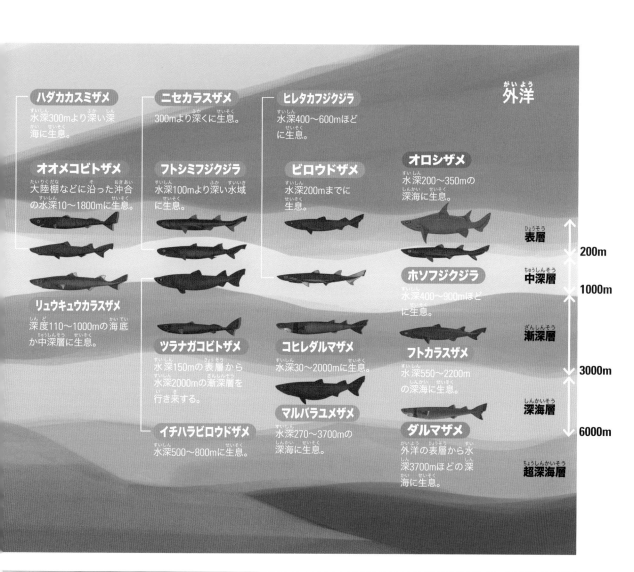

外洋

ハダカカスミザメ
水深300mより深い深海に生息。

ニセカラスザメ
300mより深くに生息。

ヒレタカフジクジラ
水深400〜600mほどに生息。

オオメコビトザメ
大陸棚などに沿った沖合の水深10〜1800mに生息。

フトシミフジクジラ
水深100mより深い水域に生息。

ビロウドザメ
水深200mまでに生息。

オロシザメ
水深200〜350mの深海に生息。

表層　200m

リュウキュウカラスザメ
深度110〜1000mの海底か中深層に生息。

ツラナガコビトザメ
水深150mの表層から水深2000mの漸深層を行き来する。

コヒレダルマザメ
水深30〜2000mに生息。

ホソフジクジラ
水深400〜900mほどに生息。

フトカラスザメ
水深550〜2200mの深海に生息。

中深層　1000m

漸深層　3000m

イチハラビロウドザメ
水深500〜800mに生息。

マルバラユメザメ
水深270〜3700mの深海に生息。

ダルマザメ
外洋の表層から水深3700mほどの深海に生息。

深海層　6000m

超深海層

21

ツノザメ科

Squalidae

背ビレの前に鋭い棘が1本

2基ある背ビレの前にそれぞれ鋭い棘が1本ずつあることが「角鮫」（ツノザメ）の名前の由来である。また、臀ビレがないこと、尾ビレの先端付近に欠刻（切れ込み）がなく、尾ビレ上葉が全体に丸いことなどが特徴である。

フトツノザメ

Squalus mitsukurii

体色は灰色か茶色を帯びた灰色で、腹側に向かって明るくなる。第1背ビレと第2背ビレの前方にある鋭利な棘には毒があると言われている。普段は大人しいが、捕食する時は獰猛な一面をのぞかせ、対象となる魚の頸を振って噛みちぎる。敵に襲われた時も体を曲げ、棘を使って相手を刺そうする。

 胎生

2〜15尾の仔ザメを出産する。

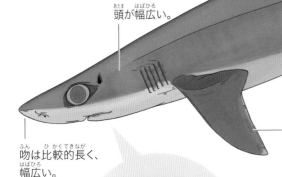

背ビレの前に鋭い棘がある。

頭が幅広い。

最大全長1.5m

吻は比較的長く、幅広い。

胸ビレ、腹ビレ、尾ビレの後端は白く縁取られている。

目は大きく緑色に反射する。

●**分布**：日本海域を含む西部太平洋、オーストラリア南部、東太平洋、カリブ海北部、アフリカ大陸沿岸、インド洋など、分布域はまばら。
●**食性**：硬骨魚類や無脊椎動物など。

第1背ビレが高く前縁が白い。

最大全長1.2m

トガリツノザメとくらべて目と吻までの距離は短い。

胸ビレが鎌状。

ヒレタカツノザメ

Squalus formosus

体色は成魚では茶褐色。吻は鈍角で、背ビレは比較的高い。第1背ビレの前縁が白いこと、胸ビレが鎌状になっていることなどで同属他種と区別できる。名前の由来は背ビレが長く大きいため。

 胎生

卵黄依存型の胎生で、数尾から十数尾の仔ザメを産む。

●**分布**：全世界の温帯・熱帯域。千葉県銚子〜九州南岸、沖縄島以南の琉球列島、東シナ海大陸棚など。

●**食性**：詳しい生態は分かっていない。

トガリツノザメ

Squalus japonicus

その名の通り吻が尖っている。また深海に生息しており、光を集めるための目が大きいのも特徴だ。

胎生

長崎の水族館で4尾の仔ザメが産まれたことがある。

第1背ビレ、第2背ビレの前に頑丈な棘がある。

最大全長1.2m

光を集めるために目が大きい。

吻が尖っていてきわめて長い。

細かな歯に小さめの口がちょこんとあるだけ。

●**分布**：本州中部以南から台湾にかけて分布。

●**食性**：小さなエビや魚など。

ヒゲツノザメ

Cirrhigaleus barbifer

名前の通り、鼻腔の前縁にある皮弁がヒゲ状に伸びており、獲物を探知する時のセンサーとしての役割を持っている。暗所を好み、強い光を避けるような行動をとる。背ビレに長く鋭い棘がある。珍しい種類で詳しい生態は分かっていない。

🦈 **胎生**

卵黄依存型の胎生で数尾から十数尾の仔ザメを産む。

最大全長1m前後

他のツノザメ類にくらべ背ビレのツノが比較的大きい。

第1背ビレと第2背ビレには大きなツノ状の棘を持つ。

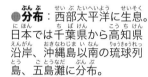

鼻に長いヒゲ状の棒状の突起を持つ。

⊞ **分布**：西部太平洋に生息。日本では千葉県から高知県沿岸、沖縄島以南の琉球列島、五島灘に分布。

● **食性**：脱皮したてのカニを捕食した姿が鳥羽水族館で目撃されている。

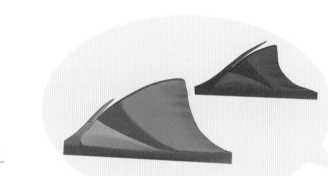

アブラツノザメ

Squalus suckleyi

サメ類の中ではおいしい種の一つとして、食用とされている。日本では東北を中心にムキザメと呼んで、煮付けや照り焼き、フライや唐揚げなどで食べられている。魚肉練り製品原料としても利用される。青森県の津軽地方にはこのサメを使った「すくめ」という郷土料理がある。

🦈 **胎生**

平均6〜7尾の仔ザメを産む。

2基の背ビレ前縁には毒棘がある。

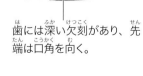

歯には深い欠刻があり、先端は口角を向く。

最大全長1.6m

ツマリツノザメ
Squalus brevirostris

アブラツノザメに似ているが、体に白色点がないこと、鼻孔が口の前端よりも吻端に近いこと、胸ビレが長いことなどの点で区別される。

胎生

卵黄依存型の胎生で、出産尾数は1〜4尾で3尾の場合が多い。

●**分布**：南日本の沿岸域から南シナ海に分布。
●**食性**：硬骨魚類、サメ類、エイ類などの軟骨魚類、エビなどの甲殻類や頭足類。

最大全長70cm

第1背ビレは比較的低く、その棘は長くない。

第2背ビレの棘は長く第1背ビレよりも高く、強い。

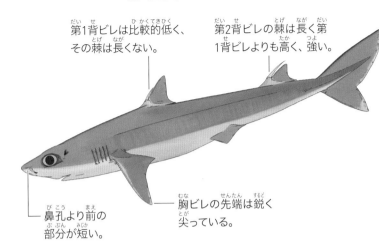

鼻孔より前の部分が短い。

胸ビレの先端は鋭く尖っている。

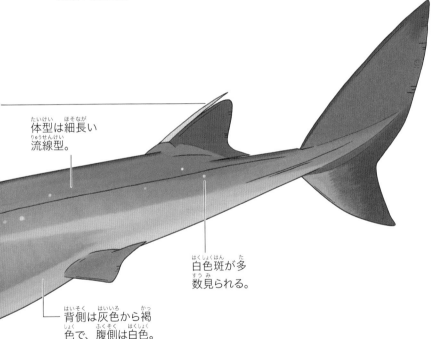

体型は細長い流線型。

白色斑が多数見られる。

背側は灰色から褐色で、腹側は白色。

●**分布**：北部太平洋の温帯、寒帯域の大陸棚付近に分布。
●**食性**：魚類、甲殻類や軟体動物など。

食べられる？ツノザメ科のサメ

伊豆諸島では、塩干しやクサヤ干物の原料として利用されている。また、湯通しして酢味噌和えなどにも調理される。ヨーロッパやオーストラリアでフィッシュ・アンド・チップスとして売られているのもツノザメの仲間である。呼び名も地方によってさまざまで、ツノメ(伊豆・小笠原諸島)、ツマリアイザメ(東京)、ツブカ(高知)、ツノノオソ(長崎)などと呼ばれる。

アイザメ科<ruby>科<rt>か</rt></ruby>

Centrophoridae

鋭い棘を持つ深海ザメ

2基の背ビレの前にそれぞれ1本の鋭い棘があるのが特徴。また尾ビレの先端付近には切れ込みがある。その他、胸ビレの内角部が角ばったり、後方に伸びているものも。水深200mより深い海域に棲む深海ザメに分類される。

アイザメ

Centrophorus atromarginatus

肝臓には油をたっぷりと蓄えることができるため、深海という過酷な環境でも生息できる。アイザメはこの肝油がとれる代表的な種。この肝油は健康食品や化粧品などにも使われている。

胎生

卵黄依存型の胎生。

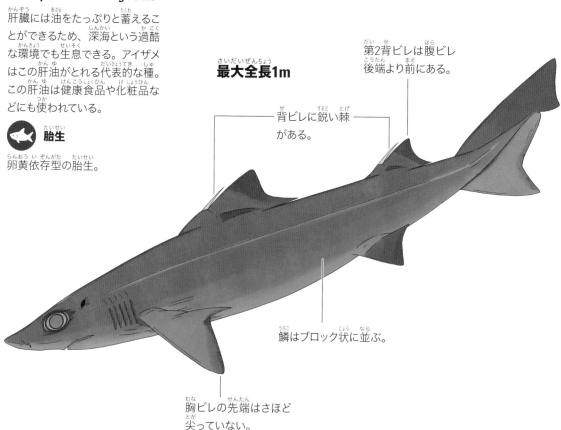

最大全長1m

第2背ビレは腹ビレ後端より前にある。

背ビレに鋭い棘がある。

鱗はブロック状に並ぶ。

胸ビレの先端はさほど尖っていない。

●**分布**：日本の太平洋岸、東シナ海、台湾、西太平洋、インドネシアなど。
●**食性**：魚、イカ、タコ、カニ、エビなど。

「サメは目が良い！」

深海ザメは少ない光を有効活用するための輝板（タペタム）という構造を持っているため、目が光って見える。サメ類は白黒の縞模様を嫌うほか、色覚特性により青と白の模様を認識しにくいため、これを利用したウェットスーツやサーフボードに張るステッカーが開発されている。

オキナワヤジリザメ

Centrophorus moluccensis

背ビレは2基で棘がある。第2背ビレの棘が腹ビレ後端よりも後ろにあることなどが特徴。第2背ビレの棘の先端が矢尻状になっていることが和名の由来である。

🐟 **胎生**
卵黄依存型の胎生。

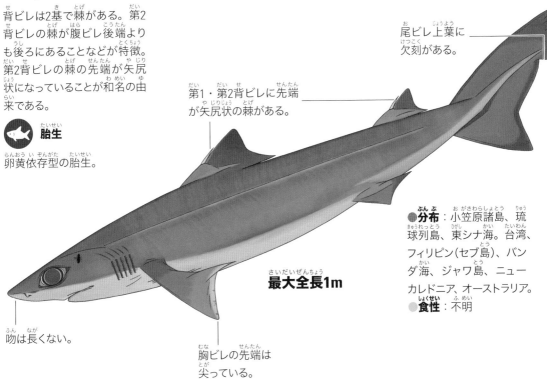

尾ビレ上葉に欠刻がある。

第1・第2背ビレに先端が矢尻状の棘がある。

●**分布**：小笠原諸島、琉球列島、東シナ海。台湾、フィリピン(セブ島)、バンダ海、ジャワ島、ニューカレドニア、オーストラリア。
●**食性**：不明

最大全長1m

吻は長くない。

胸ビレの先端は尖っている。

ゲンロクザメ

Centrophorus tessellatus

目は大きく、体は明灰色で背中側は濃い色になっている。頭部下方と腹部は白色で、体に無数の白色点がある。両背ビレの上部は黒みがかる。

🐟 **胎生**
卵黄依存型の胎生。

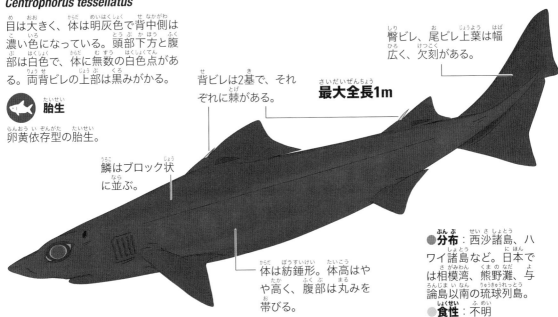

臀ビレ、尾ビレ上葉は幅広く、欠刻がある。

背ビレは2基で、それぞれに棘がある。

最大全長1m

鱗はブロック状に並ぶ。

体は紡錘形。体高はやや高く、腹部は丸みを帯びる。

●**分布**：西沙諸島、ハワイ諸島など。日本では相模湾、熊野灘、与論島以南の琉球列島。
●**食性**：不明

27

サガミザメ

Deania hystricosa

長い頭を持っていて、ヘラツノザメとよく似ている。体色が黒っぽいことや鱗が比較的大きいことで区別できる。頭が長いことから漁師には「長頭」と呼ばれる。サメの肉は臭いと言われるが、サガミザメはほのかに甘いリンゴの香りがする。

🦈 **胎生**
卵黄依存型胎生。12尾ほどの仔ザメを産む。

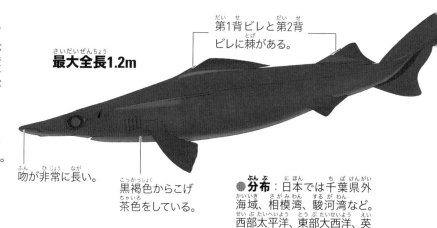

最大全長1.2m

第1背ビレと第2背ビレに棘がある。

吻が非常に長い。

黒褐色からこげ茶色をしている。

● **分布**：日本では千葉県外海域、相模湾、駿河湾など。西部太平洋、東部大西洋、英国、ニュージーランド周辺、南アフリカ周辺、ナンビア近海。
● **食性**：不明

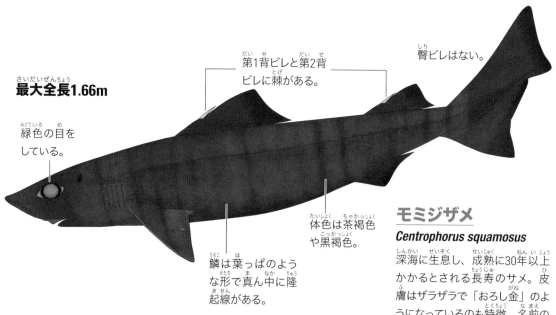

最大全長1.66m

第1背ビレと第2背ビレに棘がある。

臀ビレはない。

緑色の目をしている。

鱗は葉っぱのような形で真ん中に隆起線がある。

体色は茶褐色や黒褐色。

● **分布**：西部太平洋、インド洋、東部大西洋など。日本では相模湾、土佐湾、沖縄諸島などの南日本。
● **食性**：不明

モミジザメ

Centrophorus squamosus

深海に生息し、成熟に30年以上かかるとされる長寿のサメ。皮膚はザラザラで「おろし金」のようになっているのも特徴。名前の由来は「鱗が葉のような形」「死後、体の側面が赤く染まる」などの説があるが真偽は定かでない。

 胎生
卵黄依存型胎生。5〜8尾の仔ザメを産む。

ヘラツノザメ

Deania calcea

名前の由来は吻から頭部までの形が「ヘラ」のように長い形をしているから。吻が長いので、頭部上部までのロレンチーニ瓶を持つ。同じアイザメ科のサガミザメとよく似ているが、鱗がフォーク状で比較的小さいことから区別できる。

胎生

卵黄依存型胎生。6〜12尾の仔ザメを産む。

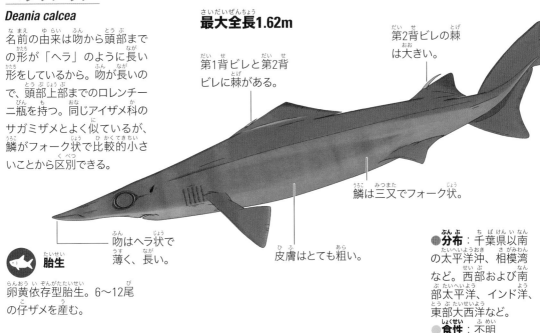

最大全長1.62m

第1背ビレと第2背ビレに棘がある。

第2背ビレの棘は大きい。

鱗は三又でフォーク状。

吻はヘラ状で薄く、長い。

皮膚はとても粗い。

●**分布**：千葉県以南の太平洋沖、相模湾など。西部および南部太平洋、インド洋、東部大西洋など。
●**食性**：不明

タロウザメ

Centrophorus granulosus

東京湾以南の深海に生息する。相模湾などでは肝油をとるために深海ザメ漁が行われていたが、タロウザメも漁獲対象になっていた可能性が高い。今でも深海ザメエキスなどを得るために漁獲されている可能性がある。

胎生

卵黄依存型胎生。1〜2尾の仔ザメを産む。

最大全長99cm

体やヒレは黒褐色で腹側は淡い色をしている。

吻は短い。

胸ビレの先端は鋭く尖っている。

●**分布**：西部太平洋、西部インド洋、東部大西洋、地中海など。
●**食性**：魚、イカ、タコ、カニ、エビなど

カラスザメ科
Etmopteridae

発光器と大きな棘がある

上顎歯は1〜数尖頭の棘状で、下顎歯は隣りの歯と接する刀状。体には発光器がある。第2背ビレは第1背ビレより大きい。背ビレには溝のある大きな棘があり、第2背ビレの棘のほうがより大きい。尾ビレ先端付近に欠刻がある。

フトシミフジクジラ
Etmopterus splendidus

ほぼ全身に発光器を持ち、特に腹部のものが強く光る。これは、捕食者から身を守るために自身の影を消し、姿をくらますカウンターイルミネーションの効果があると考えられる。

 胎生

胎生と思われる。

最大全長30cmほど

鱗は小さく、棘状で体側面では規則正しく配列。

腹ビレ上部の斑紋が後方では幅が広い。

吻端から第1背ビレの棘までの長さが、棘から尾ビレ上葉部までの長さより短い。

●**分布**：日本、台湾、インドネシアなど。
●**食性**：小魚、頭足類や甲殻類。

ハシボソツノザメ
Etmopterus sheikoi

捕獲例が少なく、希少種でその生態についてはほとんど知られていない。

 胎生

おそらく胎生。まだ解明されていない。

●**分布**：北西部太平洋、日本近海、台湾沖など。
●**食性**：小魚や無脊椎動物。

最大全長40〜45cm

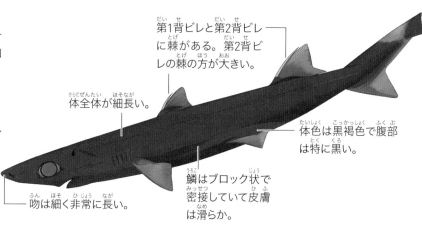

第1背ビレと第2背ビレに棘がある。第2背ビレの棘の方が大きい。

体全体が細長い。

体色は黒褐色で腹部は特に黒い。

鱗はブロック状で密接していて皮膚は滑らか。

吻は細く非常に長い。

ハダカカスミザメ

Centroscyllium kamoharai

2つの背ビレを持ち、その背ビレの前に棘がある。臀ビレはない。腹部や頭の一部にある発光器で青緑色に妖しく光ることが観察されている。鱗がなく体全体が黒っぽい色をしている。

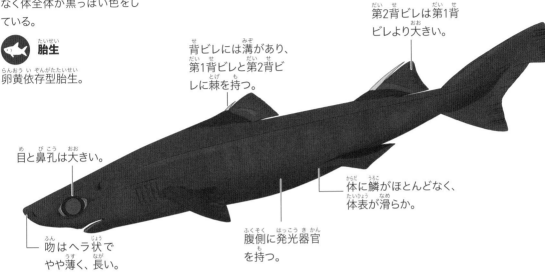

🦈 **胎生**
卵黄依存型胎生。

● **分布**：日本南部からオーストラリア西部、南東部までの西部太平洋、ニュージーランド海域など。
● **食性**：小型の硬骨魚類、甲殻類や頭足類など。

最大全長63cm

第2背ビレは第1背ビレより大きい。

背ビレには溝があり、第1背ビレと第2背ビレに棘を持つ。

目と鼻孔は大きい。

体に鱗がほとんどなく、体表が滑らか。

吻はヘラ状でやや薄く、長い。

腹側に発光器官を持つ。

カスミザメ

Centroscyllium ritteri

棘のような鱗が体全体にある。色は上半分が灰褐色、下半分が黒っぽい。魚は普通、背中側が暗い色で腹側が明るい色をしているが、カスミザメは逆で背中側が明るく、腹側が暗い色をしている。

🦈 **胎生**
卵黄依存型胎生。

● **分布**：北海道の太平洋から四国沖など。
● **食性**：小型の硬骨魚類、甲殻類や頭足類など。

最大全長60cmほど

体全体が密に尖った鱗で覆われている。

上下顎歯同形。大きな主尖頭歯と数本の側尖頭歯からなる。

体色は暗色で腹面には黒色斑やスジがある。

ヒレの縁は白っぽい。

ホソフジクジラ

Etmopterus brachyurus

臀ビレの上にある黒い染みが細く長いため「ホソフジクジラ」の名前がある。「藤鯨」は神奈川県三崎での呼び名と言われているが定かではない。

🦈 **胎生**

卵黄依存型胎生と思われる。

● **分布**：千葉県外海域、駿河湾〜土佐湾の太平洋岸、沖縄舟状海盆、沖縄諸島周辺。オーストラリア東岸、ニュージーランドなど。

● **食性**：不明

尾ビレの両葉に細長い黒色縦線がある。

体は細い。

腹ビレ上方と臀ビレ始部の黒色斑が細い。

最大全長50cm

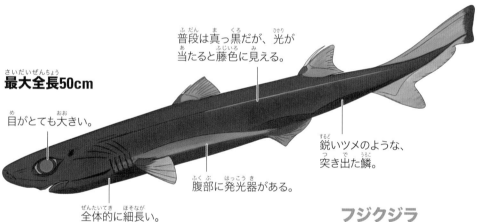

普段は真っ黒だが、光が当たると藤色に見える。

最大全長50cm

目がとても大きい。

鋭いツメのような、突き出た鱗。

腹部に発光器がある。

全体的に細長い。

● **分布**：西部太平洋、オーストラリア、ニュージーランド、南太平洋など。日本では北海道以南の太平洋側など。

● **食性**：小型の硬骨魚類や頭足類、甲殻類など。

フジクジラ

Etmopterus lucifer

美しい藤色や淡い紫色をしていることから「フジクジラ」という名が付けられたとされているが、死んでしまうと真っ黒になってしまう。腹部に発光器を持っているのが特徴だが、発光により獲物をおびき寄せているのか、自分の影を消して外敵から身を守っているのか、その理由は定かではない。

 胎生

卵黄依存型胎生。

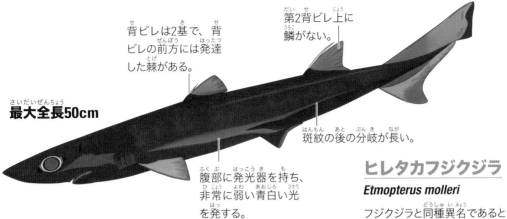

背ビレは2基で、背ビレの前方には発達した棘がある。

第2背ビレ上に鱗がない。

最大全長50cm

斑紋の後の分岐が長い。

腹部に発光器を持ち、非常に弱い青白い光を発する。

● **分布**：相模湾以南の太平洋岸、沖縄舟状海盆。オーストラリア、ニュージーランドなど。
● **食性**：不明

ヒレタカフジクジラ

Etmopterus molleri

フジクジラと同種異名であるとされていたが、腹ビレ上方付近の斑紋の後分岐が長い（フジクジラでは短い）ことや、第2背ビレ基部に鱗がない（フジクジラではある）などのことで区別できる。腹部の発光は、身を守るためや、繁殖などに役立てていると考えられている。

 胎生

卵黄依存型胎生と思われる。

● **分布**：南日本など。中西部太平洋、西部インド洋、大西洋など。
● **食性**：魚卵や小型の硬骨魚類、イカなどの頭足類。

カラスザメ

Etmopterus pusillus

その名の通り全身が真っ黒でカラスのような体色をしている。繁殖力は弱く、成長も遅いとされている。1日の中で規則的に生息深度を変える「日周鉛直移動」を行なう。

 胎生

卵黄依存型胎生。1〜6尾の仔ザメを産む。

第2背ビレの棘は第1背ビレの棘にくらべて大きい

最大全長50cmほど

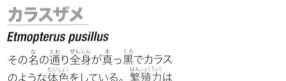

黒褐色で特に腹部は黒い。

鱗は中央がくぼんだブロック状。皮膚は滑らか。

ワニグチツノザメ

Trigonognathus kabeyai

長大な犬歯状の歯を持ち、ハダカイワシなどに噛みつき、丸飲みする。腹部を中心に無数の発光器を持ち、これを光らせて自分の影を消す。

胎生

卵黄依存型胎生だが詳しくは解明されていない。25〜26尾の仔ザメを産むと思われる。

最大全長50cmを超える

第1背ビレの棘は第2背ビレの棘より小さい。

尾柄腹面や尾ビレに黒色斑や黒色線がある。

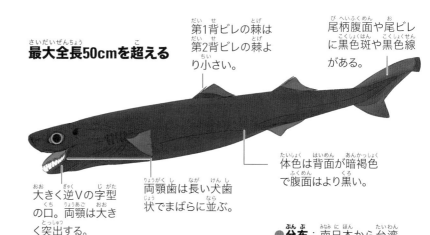

大きく逆Vの字型の口。両顎は大きく突出する。

両顎歯は長い犬歯状でまばらに並ぶ。

体色は背面が暗褐色で腹面はより黒い。

●**分布**：南日本から台湾周辺、北西部太平洋や中央太平洋（ハワイ周辺）など。
●**食性**：ハダカイワシなどの硬骨魚類など。

第1背ビレは低く、小さな棘を持つ。

最大全長70cmほど

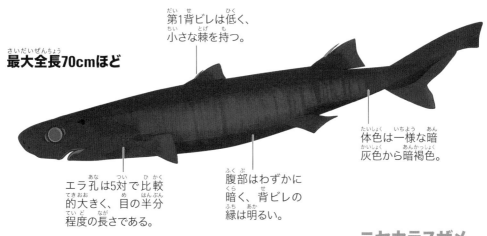

体色は一様な暗灰色から暗褐色。

エラ孔は5対で比較的大きく、目の半分程度の長さである。

腹部はわずかに暗く、背ビレの縁は明るい。

●**分布**：日本、ニュージーランド、オーストラリア、南アフリカなど。
●**食性**：硬骨魚類、頭足類、甲殻類など。

ニセカラスザメ

Etmopterus unicolor

他のカラスザメ類と異なり、腹面と背面の色の差が明瞭でない。尾ビレの基部には水平に黒い線が走る。腹ビレにも微かに黒い模様がある。

胎生

卵黄依存型胎生。9〜18尾の仔ザメを産む。

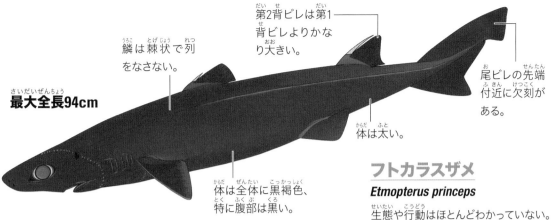

第2背ビレは第1
背ビレよりかな
り大きい。

鱗は棘状で列
をなさない。

尾ビレの先端
付近に欠刻が
ある。

最大全長94cm

体は太い。

体は全体に黒褐色、
特に腹部は黒い。

フトカラスザメ

Etmopterus princeps

生態や行動はほとんどわかっていない。
北大西洋では水深3,750m～4,500m
から捕獲された記録がある。これはサ
メ類ではもっとも深い記録である。

 胎生

卵黄依存型胎生と思われるが分かっ
ていない。

●**分布**：北西部太平
洋、北部大西洋。日
本では南日本、九州、
パラオ海域など。
●**食性**：不明

●**分布**：全世界の大陸
棚・大陸棚斜面・海嶺・
海山など。
●**食性**：ハダカイワシな
どの硬骨魚類、甲殻類や
頭足類などの獲物を探す。

リュウキュウカラスザメ

Etmopterus bigelowi

特徴は、乱雑で密に並んでいる平た
い切り株状の皮歯。この種に特有の
発光器を持つが、明瞭な帯を形成し
ていない。カラスザメに似ているが、
より大型。

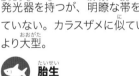 **胎生**

卵黄依存型胎生。

第1背ビレは腹ビレより
胸ビレに近く、前部に
溝のある棘を持つ。

第2背ビレは長くカーブ
した棘を持つ。

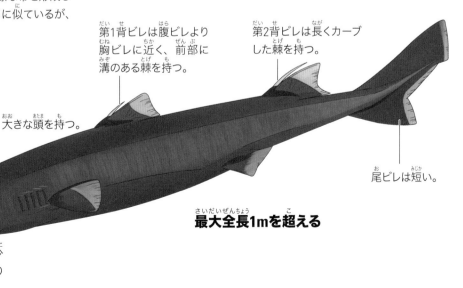

目は楕円形で
眼窩の前方は
深くくぼむ。

大きな頭を持つ。

尾ビレは短い。

最大全長1mを超える

吻はくさび型で少
し平たく、先細り
になる。

オンデンザメ科

Somniosidae

全長7mを超える巨大な種も

オンデンザメ科のサメは主に深海性であるが、浅海で採集されることもある。臀ビレはない。背ビレ前縁には棘がないか、あっても小さい。この科のサメの中には全長7mを超えるような巨大な種を含む。上顎歯は直立した棘状で下顎歯は直立、または外側に傾いた刀状で隣の歯と接する。尾ビレの先端付近に欠刻がある。

オンデンザメ

Somniosus pacificus

英名は「Pacific sleeper shark（眠れるサメ）」。全体的に黒褐色で皮膚は粗く、サメ特有の鮫肌だが、身はとても水っぽく、ぶよぶよして柔らかい。またサメの中でも泳ぐのが最も遅い。

胎生

卵黄依存型胎生。

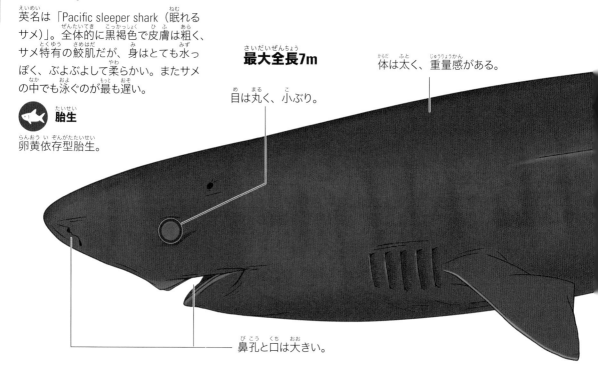

最大全長7m

目は丸く、小ぶり。

体は太く、重量感がある。

鼻孔と口は大きい。

超長生き！ニシオンデンザメ

オンデンザメ科の一種で、北極海などに生息するニシオンデンザメは、最高で約400年生きると言われており、最も長生きする脊椎動物かもしれない。雌の個体だと成熟するまでに約150年かかるという。ニシオンデンザメは北極海などの水深100〜1200mに生息。体長は最大約5mほどだが、成長スピードが遅く年間1センチほどしか大きくならないため、長生きする魚と考えられている。

●**分布**：南シナ海、オーストラリア南岸、ニュージーランド、地中海西部、アフリカ東岸、北大西洋、南アフリカ西岸など。日本では東京湾、相模湾、駿河湾、沖縄諸島。
●**食性**：魚類、頭足類など。

●**分布**：日本では土佐湾以北の太平洋、日本海、オホーツク海。北太平洋、北極海など。
●**食性**：硬骨魚類や頭足類、軟骨魚類、哺乳類など。

両背ビレは同じ大きさで後方に位置し、第1背ビレは胸ビレより腹ビレに近い。

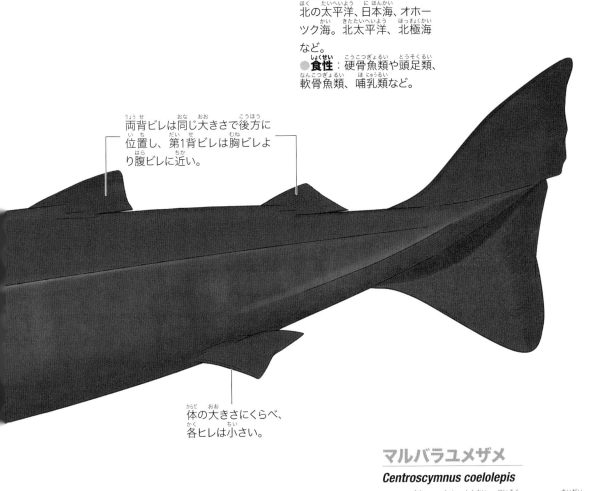

体の大きさにくらべ、各ヒレは小さい。

マルバラユメザメ

Centroscymnus coelolepis

サメの中でも最も深海に生息し、その最大水深は3675mに達する。目が大きくてエメラルドグリーンのきれいな目をしている。背ビレの前縁に棘があるが小さい。また鯨類を含む生きた獲物に噛みつくこともある。

最大全長1.5m

目が大きい。

背ビレの前縁に小さな棘がある。

体色は暗褐色。

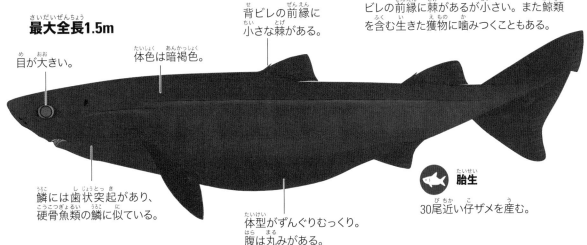

鱗には歯状突起があり、硬骨魚類の鱗に似ている。

体型がずんぐりむっくり。腹は丸みがある。

胎生
30尾近い仔ザメを産む。

イチハラビロウドザメ

Scymnodon ichiharai

胎生

第1背ビレの棘は体の中央より前方にある。成魚の鱗の外縁が三又状で、腹ビレと尾ビレの間の距離が短く、体はとても長い。

最大全長1.5m

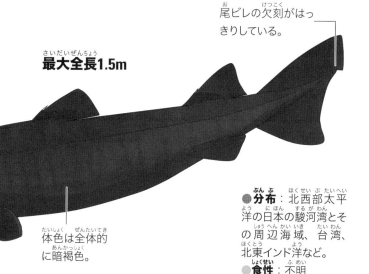

尾ビレの欠刻がはっきりしている。

歯の形が左右非対称である。

体色は全体的に暗褐色。

●分布：北西部太平洋の日本の駿河湾とその周辺海域、台湾、北東インド洋など。
●食性：不明

体色は黒褐色。

最大全長1.4m

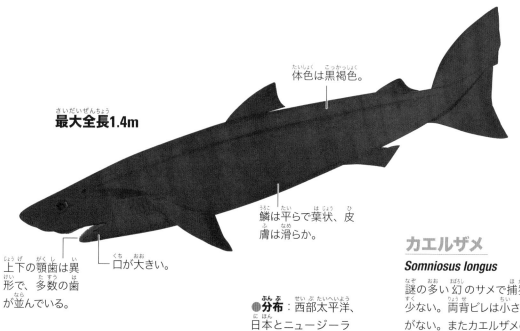

鱗は平らで葉状、皮膚は滑らか。

上下の顎歯は異形で、多数の歯が並んでいる。

口が大きい。

●分布：西部太平洋、日本とニュージーランド、チリから発見の報告がある。
●食性：不明

カエルザメ

Somniosus longus

謎の多い幻のサメで捕獲例も少ない。両背ビレは小さく、棘がない。またカエルザメの肉には一般魚肉の数十〜数百倍のビタミンAが含まれていて、ヤツメウナギの肉の含有量に匹敵する。

胎生

卵黄依存型胎生。

ユメザメ

Centroscymnus　owstonii

背ビレは2基あり、その前縁に小さな棘がある。臀ビレはないが、体の後方にある腹ビレが臀ビレの機能を補っていて、泳ぐのに問題がない。目にまぶたがあり、まぶたを閉じると眠っているように見えるため、この名が付いた。

 胎生

卵黄依存型胎生で30尾ほどの仔ザメを産む。

最大全長1.2m

目にまぶたがある。

背ビレは2基で前縁に小さな棘がある。

体やヒレは黒色。

体全体が鱗で覆われる。

●**分布**：日本では相模湾、駿河湾、土佐湾、沖縄諸島などの南日本の海域。西部太平洋、南東部太平洋、大西洋など。
●**食性**：魚類、タコ、イカなど。

フンナガユメザメ

Centroselachus crepidater

体が全体的に細長く、吻がとても長い。深海ザメの中でも特に深い海底に生息するサメで、姿を見る機会はほとんどない。

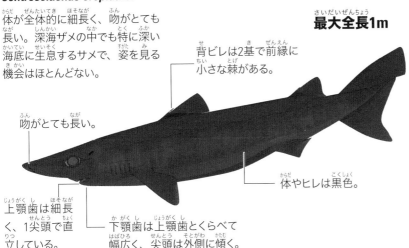

最大全長1m

背ビレは2基で前縁に小さな棘がある。

吻がとても長い。

体やヒレは黒色。

上顎歯は細長く、1尖頭で直立している。

下顎歯は上顎歯とくらべて幅広く、尖頭は外側に傾く。

●**分布**：太平洋、西部インド洋、東部大西洋など。
●**食性**：硬骨魚類やイカ類など。

 胎生

卵黄依存型胎生で10尾ほどの仔ザメを産む。

ビロウドザメ

Zameus squamulosus

皮膚が、深みのある色艶や光沢感が特徴のパイル織物「ビロウド（ベルベット）」に見えることからこの名前が付いた。両背ビレの前縁に小さな棘がある。

 胎生

卵黄依存型胎生で、20cmほどの仔ザメを産む。

●**分布**：中央・西部太平洋、インド洋、大西洋など。
●**食性**：不明

最大全長85cm

体は黒褐色。

第2背ビレは第1背ビレより高い。

下顎歯は幅広で、尖頭部が外側に少し傾く。

鱗は3尖頭で表面に横スジがある。

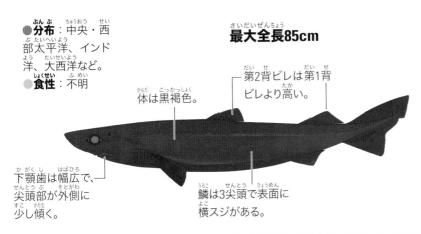

ヨロイザメ科

Dalatiidae

体は葉巻型、発光器を持つものも

吻は短く、上顎歯は直立した棘状である。下顎歯は直立、または外側に傾き、隣の歯と接する。背ビレの棘は第1背ビレにはあったりなかったりする。第2背ビレには棘はない。尾ビレの先端付近に欠刻がある。第1背ビレは胸ビレ付近にあるものと、腹ビレに近接するものがある。

ヨロイザメ

Dalatias licha

和名の「ヨロイザメ」は、鎧のように硬い皮膚に由来する。他にもヒレの形（英名：kitefin shark）や皮膚の色（中国名：黒鮫）などにちなんで各地域でさまざまな名前が付けられている。発光するサメの中で最大種であるだけでなく、「世界最大の光る脊椎動物」でもある。

胎生
卵黄依存型胎生。

最大全長1.8m

細長い体、とても短く丸い頭。

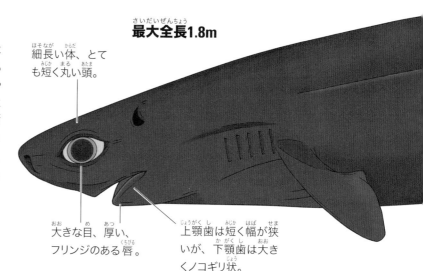

大きな目、厚い、フリンジのある唇。

上顎歯は短く幅が狭いが、下顎歯は大きくノコギリ状。

ダルマザメ

Isistius brasiliensis

ダルマザメという名に反してスマートな円筒形をした小型のサメである。自分より何倍も大きい獲物にかぶりつき、3〜6cmの半球状に肉をえぐりとる。歯の形状も独特で、上顎歯は棘状、下顎歯は三角形の板状になって、隙間なく生えている。

胎生
卵黄依存型胎生。9尾ほどの仔ザメを産む。

最大全長55cmほど

両背ビレは後方に位置し、小さい。

背側は暗褐色で腹部側は明色。

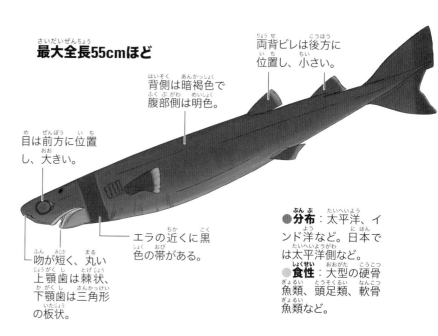

目は前方に位置し、大きい。

エラの近くに黒色の帯がある。

吻が短く、丸い
上顎歯は棘状、下顎歯は三角形の板状。

●**分布**：太平洋、インド洋など。日本では太平洋側など。
●**食性**：大型の硬骨魚類、頭足類、軟骨魚類など。

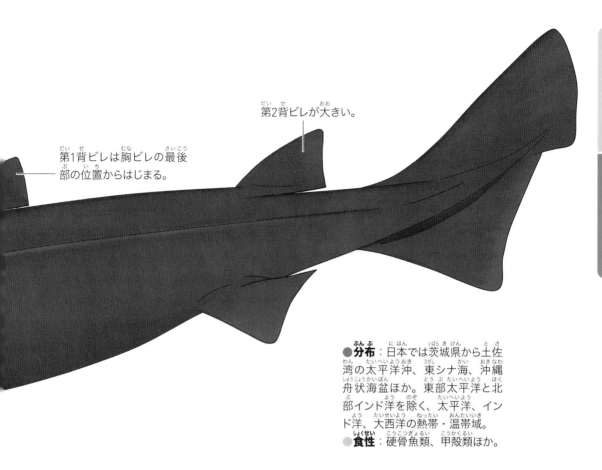

第2背ビレが大きい。

第1背ビレは胸ビレの最後部の位置からはじまる。

●分布：日本では茨城県から土佐湾の太平洋沖、東シナ海、沖縄舟状海盆ほか。東部太平洋と北部インド洋を除く、太平洋、インド洋、大西洋の熱帯・温帯域。
●食性：硬骨魚類、甲殻類ほか。

●分布：西部太平洋、大西洋など。
●食性：硬骨魚類・軟骨魚類など。

コヒレダルマザメ

Isistius plutodus

他の大型動物に噛みつき、えぐりとる。噛み跡は楕円形で大きい。珍しい種で、世界の数ヶ所から10個体程度の標本しか得られていない。体は棒状。背ビレと尾ビレが小さいため、ダルマザメよりも遊泳力が弱いと思われる。また腹面には発光器がまばらにある。

 胎生

卵黄依存型胎生。

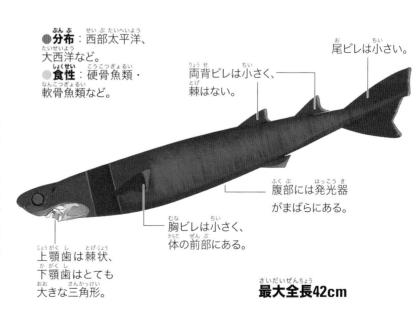

両背ビレは小さく、棘はない。

尾ビレは小さい。

腹部には発光器がまばらにある。

胸ビレは小さく、体の前部にある。

上顎歯は棘状、下顎歯はとても大きな三角形。

最大全長42cm

オオメコビトザメ
Squaliolus laticaudus

世界中に広く生息している。日中は水深500mほどに位置し、夜間はエサを求めて水深200mほどの浅海に移動する、「日周鉛直移動」を行う。腹部の発光器は、下方から見たときにわずかな環境光にとけ込んで体の輪郭を隠し、外敵からの発見を防ぐのに役立っている。

胎生

卵黄依存型胎生。

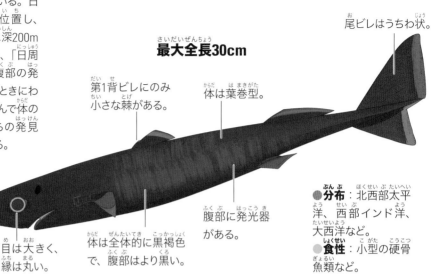

最大全長30cm

尾ビレはうちわ状。

第1背ビレにのみ小さな棘がある。

体は葉巻型。

目は大きく、縁は丸い。

体は全体的に黒褐色で、腹部はより黒い。

腹部に発光器がある。

●**分布**：北西部太平洋、西部インド洋、大西洋など。
●**食性**：小型の硬骨魚類など。

最大全長22cm

第1背ビレのみに棘がある。

頭は円筒形で細長い。

腹部に発光器がある。

吻は短く、丸い。

5対のエラ孔はとても小さい。

●**分布**：日本からオーストラリアにかけて分布。
●**食性**：小型の硬骨魚類、甲殻類など。

ツラナガコビトザメ
Squaliolus aliae

頭が長く、顔も長く見えるため、「ツラナガ」という名が付けられた。サメの中では最小クラスである。その小ささから捕獲が難しく、生態は不明な点が多い。昼間は深部、夜間は浅海に移動する。

胎生

卵黄依存型胎生。

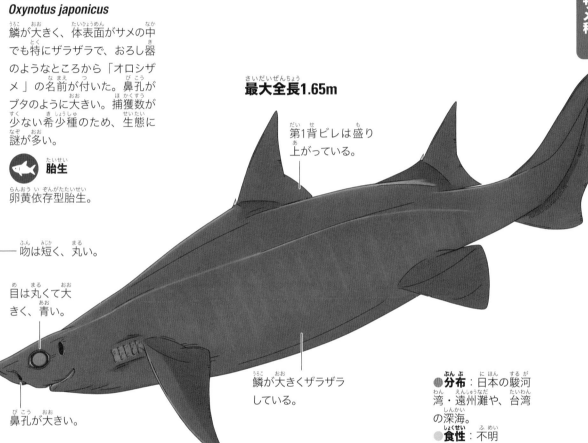

オロシザメ科

Oxynotidae

おろし器のような体表面を持つ

とても大きい鱗があり、体表面がザラザラしているのが特徴。吻は短くて丸い。両背ビレが巨大で、棘がある。

オロシザメ

Oxynotus japonicus

鱗が大きく、体表面がサメの中でも特にザラザラで、おろし器のようなところから「オロシザメ」の名前が付いた。鼻孔がブタのように大きい。捕獲数が少ない希少種のため、生態に謎が多い。

胎生

卵黄依存型胎生。

最大全長1.65m

第1背ビレは盛り上がっている。

吻は短く、丸い。

目は丸くて大きく、青い。

鼻孔が大きい。

鱗が大きくザラザラしている。

●**分布**：日本の駿河湾・遠州灘や、台湾の深海。
●**食性**：不明

くらべてみよう
ノコギリザメ目もく

ノコギリのような吻ふんがある

浅海の大陸棚せんかいたいりくだなから大陸棚斜面たいりくだなしゃめんに生息せいそくする。吻ふんが板状いたに伸のびており、さらにその左右さゆうに棘状とげじょうの突起とっきとヒゲがありノコギリのように見みえるのが特徴とくちょう。エラ孔あなは5〜6対たい。尾ビレが長ながくて、欠刻けっこくがある。ノコギリザメ科の1科しのみである。

ノコギリザメ科か

トゲトゲの細長ほそながい口くちはまるでノコギリ。
全長ぜんちょうの約やく4分ぶんの1を占しめるほど長ながい。

ノコギリザメ P45

ノコギリ状じょうの吻ふんを使つかって砂すなの中なかの獲物えものを見みつける。ノコギリは獲物えものを押おさえることにも、砂すなを掘ほることにも使つかう。

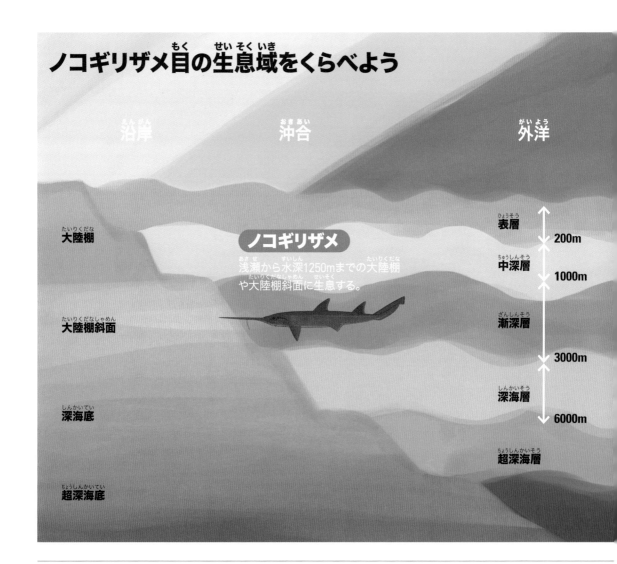

ノコギリザメ目もくの生息域せいそくいきをくらべよう

沿岸えんがん　沖合おきあい　外洋がいよう

大陸棚たいりくだな

ノコギリザメ
浅瀬あさせから水深すいしん1250mまでの大陸棚たいりくだなや大陸棚斜面たいりくだなしゃめんに生息せいそくする。

大陸棚斜面たいりくだなしゃめん

深海底しんかいてい

超深海底ちょうしんかいてい

表層ひょうそう　200m
中深層ちゅうしんそう　1000m
漸深層ざんしんそう　3000m
深海層しんかいそう　6000m
超深海層ちょうしんかいそう

ノコギリザメ科

Pristiophoridae

ノコギリ状の吻は 全長の約4分の1を占める

吻が板状に伸長し、その左右に棘状の突起が並ぶ。鼻孔の前方に長い一対のヒゲ状の皮弁がある。エラ孔は5〜6対。背ビレは2基で棘がない。臀ビレはない。尾ビレは細長く、先端部に欠刻がある。

ノコギリザメ

Pristiophorus japonicus

ノコギリはヒゲと一緒に使って、砂の中の獲物を見つける。また獲物を切断するのではなく、砂を掘ったり、捕まえた獲物が逃げないように押さえたりするのに使う。危険が及ぶと防衛手段として振り回すことも。

 胎生

卵黄依存型胎生。10尾ほどの仔ザメを産む。

尾ビレは細長い。

最大全長1.5mほど

吻は平らで長い。

体色は茶色から明るい褐色。

●**分布**：北海道南部以南の太平洋、日本海、東シナ海、南シナ海など。
●**食性**：エビなどの甲殻類、小型の硬骨魚類など。

鼻孔の前方に長いヒゲ状の皮弁。

吻の棘は長いものと短いものが交互に並ぶ。

ノコギリザメは日本には1種のみ

ノコギリザメの仲間は世界中に8種類とされているが、国内にはノコギリザメ1種が生息する。底曳き網、刺し網、延縄などで捕れ、練り製品などにはなるが、鮮魚として出回ることはあまりない。ちなみに、ノコギリ状の吻は母体の中にいるときから生えている。胎内が傷つかないように、折りたたまれている。

くらべてみよう
カスザメ目もく

まるでエイ？平べったい体からだ

胸ビレと腹ビレが発達し、エイのように体が平べったいのが特徴。5つあるエラ孔は頭と、胸ビレの間にある。棘や臀ビレはない。サメの中では珍しく、砂に潜りエサとなる魚を待ち伏せする方法をとっている。カスザメ科の1科のみ。

カスザメ科か

大きな特徴は平べったい体。エイとの違いはエラ孔の位置。エイは腹面にあるのに対し、カスザメ類は頭と胸ビレの間に隠れるようにしてある。

タイワンコロザメ P48

平べったい体で砂地に潜み、獲物が通り過ぎる瞬間に頭を持ち上げて丸呑みにする。

カスザメ目もくの生息域せいそくいきをくらべよう

沿岸

沖合おきあい

大陸棚たいりくだな

大陸棚斜面たいりくだなしゃめん

深海底しんかいてい

超深海底ちょうしんかいてい

タイワンコロザメ
沿岸域から水深330mの大陸棚上、大陸棚斜面に生息。

カスザメ
水深320mほどの大陸棚斜面に生息。

コロザメ
沿岸域から水深330mの大陸棚上、大陸棚斜面に生息。

カスザメ P49

海底の砂に潜っているときは呼吸のために噴水孔は出し、そこから水を取り入れて呼吸する。

コロザメ P49

カスザメと似ているが、体に斑模様があるのがコロザメ。

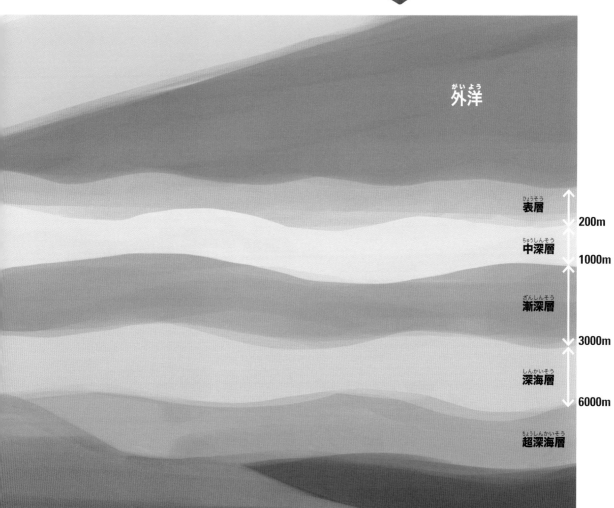

外洋

表層 ↕ 200m

中深層 ↕ 1000m

漸深層 ↕ 3000m

深海層 ↕ 6000m

超深海層

カスザメ科

Squatinidae

天使の羽で優雅に泳ぐ !? エンゼル・シャーク

体は扁平で、胸ビレと腹ビレがとても大きく、これを翼のように広げて優雅に泳ぐため、英名を「エンゼル・シャーク（天使のサメ）」と呼ぶ。口は体の前端にある。エラ孔は5対で、頭部と巨大な胸ビレの間にある。背ビレは2基で棘がない。臀ビレはない。

タイワンコロザメ

Squatina formosa

扁平な体で砂地に潜んで、エサとなる魚類が頭の上を通り過ぎる瞬間に頭を持ち上げて丸呑みにする。エンゼル・シャークの名前とは似つかない捕食の方法だ。

胎生
卵黄依存型胎生。

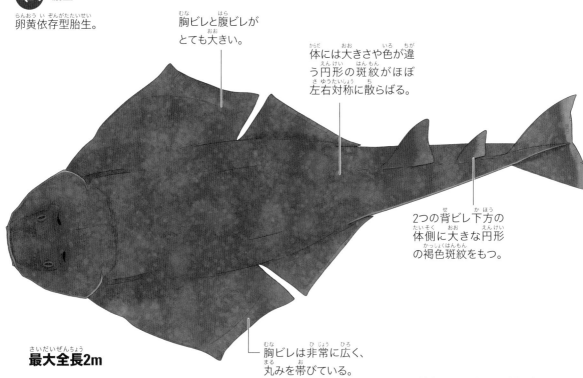

胸ビレと腹ビレがとても大きい。

体には大きさや色が違う円形の斑紋がほぼ左右対称に散らばる。

2つの背ビレ下方の体側に大きな円形の褐色斑紋をもつ。

胸ビレは非常に広く、丸みを帯びている。

最大全長2m

● **分布**：本州中部以南、台湾までの太平洋、日本海など。
● **食性**：底生性の硬骨魚類、イカなどの頭足類、甲殻類、貝類など。

カスザメ

Squatina japonica

カスザメはエイのような見た目で平たく、胸ビレと腹ビレが大きい。海底の砂に潜り、身を潜めているが、獲物がくると素早く動いて捕食する。砂に潜っているときも呼吸するために噴水孔は出している。口からではなく噴水孔から水を取り入れて呼吸する。

🐟 **胎生**

卵黄依存型胎生。

●**分布**：北海道南部から台湾までの太平洋、日本海など。
●**食性**：底生性の硬骨魚類、イカなどの頭足類、甲殻類、貝類など。

明褐色〜暗褐色で小さい斑点が密集している。

背筋に沿って棘がある。

目より噴水孔が大きい。

口は頭部先端に位置して、幅広く、平たい。

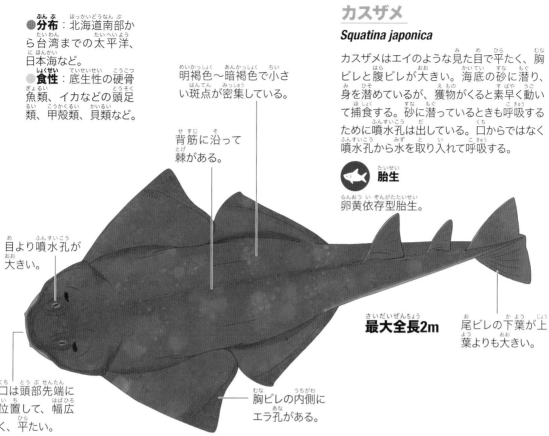

最大全長2m

尾ビレの下葉が上葉よりも大きい。

胸ビレの内側にエラ孔がある。

鼻孔から伸びるヒゲ状の皮弁は先端にむかって細くなる。

目は大きく、目と噴水孔間の距離は眼径の1.5倍に満たない。

体色は茶褐色で比較的大きな黒色や白色の斑点が密に並ぶ。

背ビレや尾ビレの縁が直線的で先端が角張る。

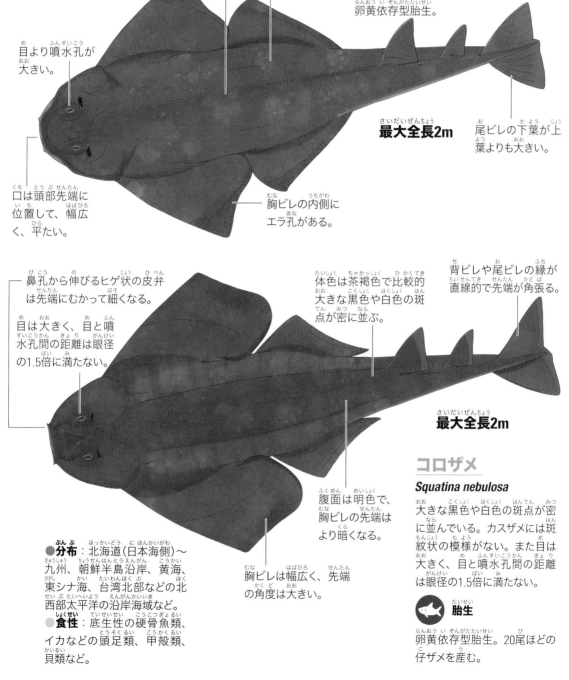

最大全長2m

腹面は明色で、胸ビレの先端はより暗くなる。

胸ビレは幅広く、先端の角度は大きい。

●**分布**：北海道（日本海側）〜九州、朝鮮半島沿岸、黄海、東シナ海、台湾北部などの北西部太平洋の沿岸海域など。
●**食性**：底生性の硬骨魚類、イカなどの頭足類、甲殻類、貝類など。

コロザメ

Squatina nebulosa

大きな黒色や白色の斑点が密に並んでいる。カスザメには斑紋状の模様がない。また目は大きく、目と噴水孔間の距離は眼径の1.5倍に満たない。

🐟 **胎生**

卵黄依存型胎生。20尾ほどの仔ザメを産む。

くらべてみよう
ネコザメ目
もく

卵の形がドリル？のサメもいる
たまご　かたち

体や頭部が太く、目が高い位置にあるのが特徴。棘があ
り、5対あるエラ孔のうち3対は胸ビレの上にある。ドリル
のようならせん状の卵を産む。ネコザメ科の1科のみ。

ネコザメ科
か

**太くて短い体や、厚みのある頭部、
目が高い位置にあるのが特徴。**

ポートジャクソンシャーク P52

夜行性のため、昼間は岩陰などに潜んでいる。通常のサメ
は、口から水を吸い込んで呼吸をするが、本種はエラ孔か
ら水を吸い込んで他4つのエラ孔から排出して呼吸をする。

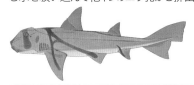

シマネコザメ P53

卵生で、らせん状でツ
ルのある卵を産む。

ネコザメ目の生息域をくらべよう
もく　せいそくいき

ネコザメ
水深6〜100mほどの浅瀬
すいしん
の岩場や藻場に生息。

大陸棚
たいりくだな

クレステッドブル
ヘッドシャーク
浅瀬の岩場や藻場、水深
100mほどの海底に生息。

ホーンシャーク
水深50mまでや水深
すいしん
150mほどの大陸棚
に生息。

シマネコザメ
水深50〜200mほどの
すいしん
浅瀬の岩場や藻場に
生息。

大陸棚斜面
たいりくだなしゃめん

深海底
しんかいてい

超深海底
ちょうしんかいてい

ホーンシャーク

（カリフォルニアネコザメ）P54

単独性・夜行性で昼間は岩陰などに隠れている。

ネコザメ P54

頭が丸く頬に膨らみがある姿が猫に似ているため、その名が付いた。

クレステッドブルヘッドシャーク

（オデコネコザメ）P55

他のネコザメよりも眼窩上部の突起が大きく出っ張っているのが特徴。

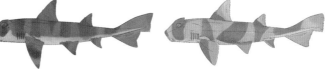

沖合

外洋

ポートジャクソンシャーク

潮間帯から水深275mほどの沿岸の岩礁地帯や砂泥底などに生息。

表層 200m

中深層 1000m

漸深層 3000m

深海層 6000m

超深海層

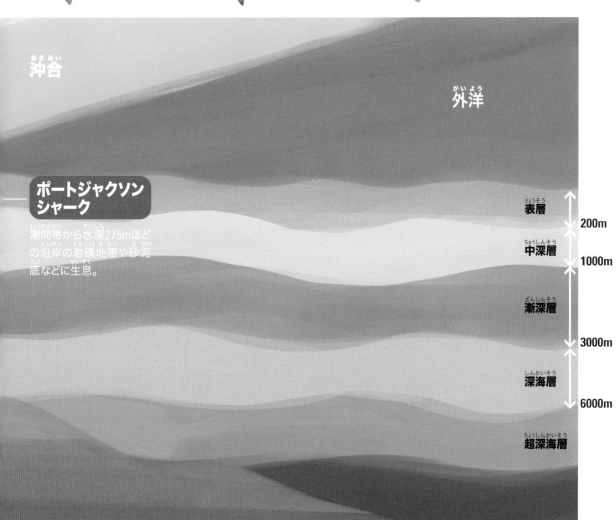

ネコザメ科

Heterodontidae

猫のような顔!?英名は頭の隆起で牛のツノ「ブルヘッド」

ネコザメ科のサメは、体は太く短い。頭部は太く、目が高い位置にあり、猫のような顔をしている。また、エラ孔は5対あり、そのうち後方の3対は胸ビレの上にある。背ビレは2基あって大きく、その前縁にはそれぞれ棘がある。尾ビレは下葉も発達する。

ポートジャクソンシャーク

Heterodontus portusjacksoni

ポートジャクソンという名前はオーストラリアのポートジャクソン湾で多く見られることから付けられた。夜行性で昼間はほとんど動かず、岩陰などに潜んで休んでいることが多い。

卵生
単卵生。ドリル型の卵を産む。

●**分布**：北部を除くオーストラリア沿岸海域とニュージーランド周辺の海域など。沿岸の岩礁地帯や砂泥底などに生息する。
●**食性**：エビ、カニなどの甲殻類、貝類など。

第1背ビレと第2背ビレに鋭い棘がある。

第1背ビレの起部は、胸ビレ基底の後端上に位置する。

頭部は太く、短く、目の上は盛り上がる。

吻は短く、丸い。

最大全長1.65mほど

淡褐色〜灰褐色で体側面に独特の模様がある。

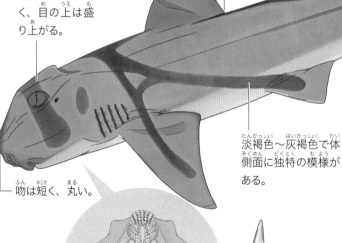

前歯は小さくて鋭く尖っているが、後歯は平らになっている。

シマネコザメ

Heterodontus zebra

サザエなどの硬い貝を砕いて食べる。卵生でドリルのようならせん状のひだのある殻に入った卵を産む。数は少ないが、水族館や博物館などで飼育、展示されている。

卵生

単卵生。

●**分布**：西部太平洋、日本から朝鮮半島、中国、東南アジアまでの温暖な沿岸海域など。浅瀬の岩場や藻場に生息する。

●**食性**：海底にいる甲殻類や貝類など。

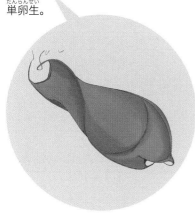

卵は、らせん状の形をしていて、ツルもあるまきつけタイプなので、岩などにツルがからまり、流されないようになっている。

最大全長1.22m

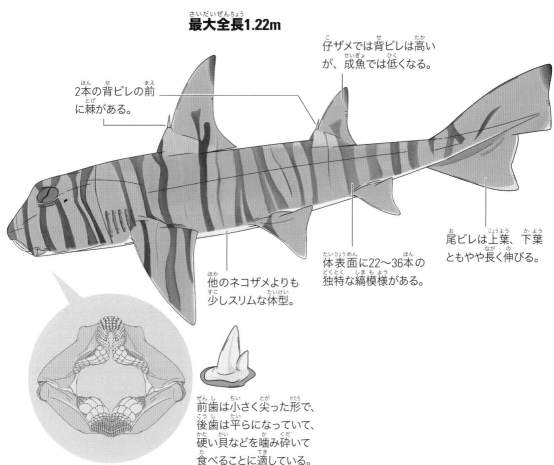

2本の背ビレの前に棘がある。

仔ザメでは背ビレは高いが、成魚では低くなる。

他のネコザメよりも少しスリムな体型。

体表面に22〜36本の独特な縞模様がある。

尾ビレは上葉、下葉ともやや長く伸びる。

前歯は小さく尖った形で、後歯は平らになっていて、硬い貝などを噛み砕いて食べることに適している。

ホーンシャーク（カリフォルニアネコザメ）

Heterodontus francisci

英名の「ホーンシャーク」は角を持つサメという意味。本種がカリフォルニア湾周辺でのみ生息しているため、カリフォルニアネコザメとも呼ばれる。ネコザメの仲間にしては体高が低めでスラッとした印象。単独性・夜行性で昼間は岩陰などで隠れている。泳ぎは他のネコザメと同じく上手ではない。産卵後の雌は卵を岩の間に押し込んで捕食者から守る。

卵生

単卵生で2個の卵を産む。

幅広い頭部と短い吻、明瞭な眼上隆起を持つ。

最大全長1mほど

目の後方には小さな噴水孔がある。

臼状の丈夫な歯を持つ。

鼻孔は口に達する長い鼻弁で前鼻孔と後鼻孔に分けられる。

褐色や灰色の体に多くの斑点がある。

●分布：東部太平洋の大陸棚、カリフォルニア州のモントレー湾、カリフォルニア湾など。浅瀬の岩場や藻場に生息する。

●食性：軟体動物・棘皮動物・甲殻類。

●分布：南日本から台湾にかけて、東シナ海、太平洋など。浅瀬の岩場や藻場に生息する。

●食性：エビ、カニなどの甲殻類、貝類、ウニなど。

卵生

単卵生で2個の卵を産む。

最大全長1.2mほど

吻は短く、鼻孔付近は豚鼻状。

頭部は丸く、太い。

第1背ビレと第2背ビレに鋭い棘がある。

淡褐色で褐色の模様が広がる。

前歯は小さく尖っているが、後歯は大きく臼状の頑丈な歯。

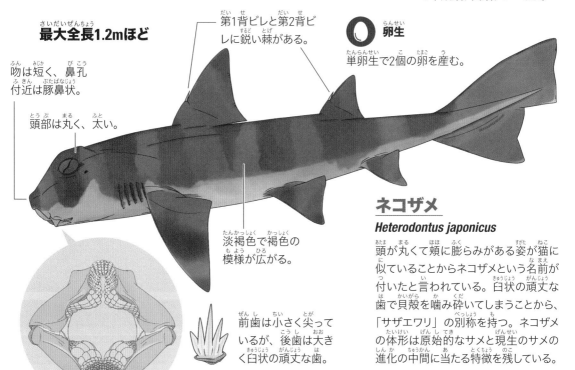

ネコザメ

Heterodontus japonicus

頭が丸くて頬に膨らみがある姿が猫に似ていることからネコザメという名前が付いたと言われている。臼状の頑丈な歯で貝殻を噛み砕いてしまうことから、「サザエワリ」の別称を持つ。ネコザメの体形は原始的なサメと現生のサメの進化の中間に当たる特徴を残している。

クレステッドブルヘッドシャーク　（オデコネコザメ）

Heterodontus galeatus

他のネコザメよりも眼窩上部の突起が大きく出っ張っているのが特徴。この出っ張りは仔ザメの時の方が際立って、大きく見えると言われている。名前もこのオデコの出っ張りから付けられた。

● **分布**：オーストラリア東岸など。
● **食性**：エビ、カニなどの甲殻類、貝類、ウニなど。

卵生

単卵生で2個の卵を産む。

最大全長1.3mほど

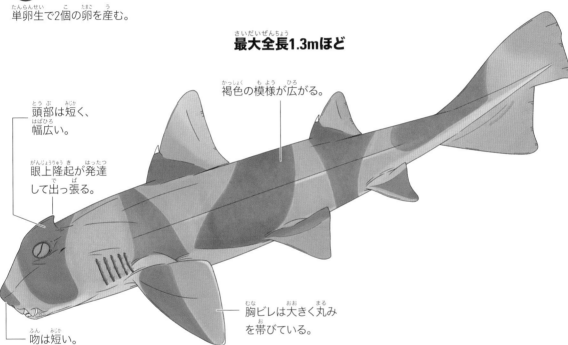

褐色の模様が広がる。

頭部は短く、幅広い。

眼上隆起が発達して出っ張る。

吻は短い。

胸ビレは大きく丸みを帯びている。

くらべてみよう
テンジクザメ目もく

巨大なジンベエザメなども

吻が短くて目よりも前に口がある。鼻腔にはヒゲ状の皮弁がある。エラ孔は5対。巨大なジンベエザメはこの仲間に入る。同じ目の種類であっても、体が細長いものから平たいもの、巨大なものまでさまざま。

クラカケザメ科か
体が非常に細長いのが特徴。

オオセ科か
多くの水族館で飼育されている。体は扁平で、小さな獲物が身を隠す海藻と間違えて近づいたところを突き出た口で捕食する。

テンジクザメ目もくの生息域せいそくいきをくらべよう

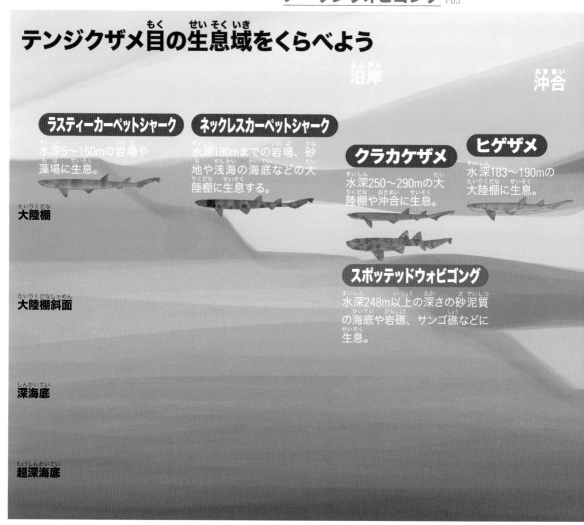

沿岸　　沖合

ラスティーカーペットシャーク
水深5〜150mの岩場や藻場に生息。

ネックレスカーペットシャーク
水深180mまでの岩場、砂地や浅海の海底などの大陸棚に生息する。

クラカケザメ
水深250〜290mの大陸棚や沖合に生息。

ヒゲザメ
水深183〜190mの大陸棚に生息。

スポッテッドウォビゴング
水深248m以上の深さの砂泥質の海底や岩礁、サンゴ礁などに生息。

大陸棚たいりくだな

大陸棚斜面たいりくだなしゃめん

深海底しんかいてい

超深海底ちょうしんかいてい

テンジクザメ科

コモリザメ科

ブラカエルルス科

トラフザメ科

ジンベエザメ科

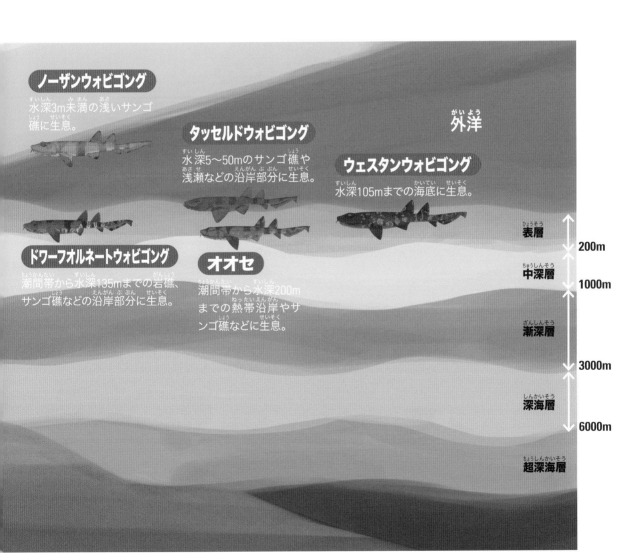

ノーザンウォビゴング
水深3m未満の浅いサンゴ礁に生息。

タッセルドウォビゴング
水深5〜50mのサンゴ礁や浅瀬などの沿岸部分に生息。

ウェスタンウォビゴング
水深105mまでの海底に生息。

ドワーフオルネートウォビゴング
潮間帯から水深135mまでの岩礁、サンゴ礁などの沿岸部分に生息。

オオセ
潮間帯から水深200mまでの熱帯沿岸やサンゴ礁などに生息。

外洋

表層
200m
中深層
1000m
漸深層
3000m
深海層
6000m
超深海層

クラカケザメ科

オオセ科

テンジクザメ科

海底を這うように泳ぐおとなしい性格で、小型種が多い。体は円筒形で、尾部が非常に長い。

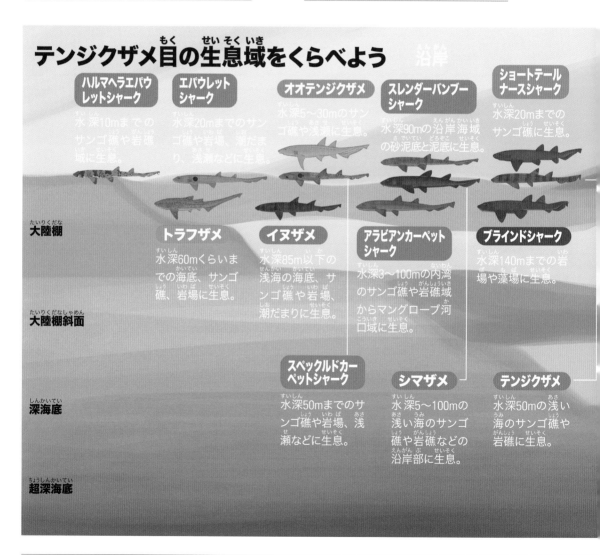

テンジクザメ目の生息域をくらべよう 沿岸

ハルマヘラエパウレットシャーク
水深10mまでのサンゴ礁や岩礁域に生息。

エパウレットシャーク
水深20mまでのサンゴ礁や岩場、潮だまり、浅瀬などに生息。

オオテンジクザメ
水深5〜30mのサンゴ礁や浅瀬に生息。

スレンダーバンブーシャーク
水深90mの沿岸海域の砂泥底と泥底に生息。

ショートテールナースシャーク
水深20mまでのサンゴ礁に生息。

大陸棚

トラフザメ
水深60mくらいまでの海底、サンゴ礁、岩場に生息。

イヌザメ
水深85m以下の浅海の海底、サンゴ礁や岩場、潮だまりに生息。

アラビアンカーペットシャーク
水深3〜100mの内湾のサンゴ礁や岩礁域からマングローブ河口域に生息。

ブラインドシャーク
水深140mまでの岩場や藻場に生息。

大陸棚斜面

スペックルドカーペットシャーク
水深50mまでのサンゴ礁や岩場、浅瀬などに生息。

シマザメ
水深5〜100mの浅い海のサンゴ礁や岩礁などの沿岸部に生息。

テンジクザメ
水深50mの浅い海のサンゴ礁や岩礁に生息。

深海底

超深海底

コモリザメ科

商業的に漁獲されたりゲームフィッシュとして扱われる。

オオテンジクザメ P70 　　ショートテールナースシャーク P70

ブラカエルルス科

水中から出ると厚い下瞼を閉じる。オーストラリアの固有種。

ブラインドシャーク P71

トラフザメ科

縞模様の仔ザメとヒョウ柄模様の成魚。成長にともない模様が変わる。

トラフザメ P72

ジンベエザメ科

最も大きいサメ、世界一大きな魚！

ジンベエザメ P73

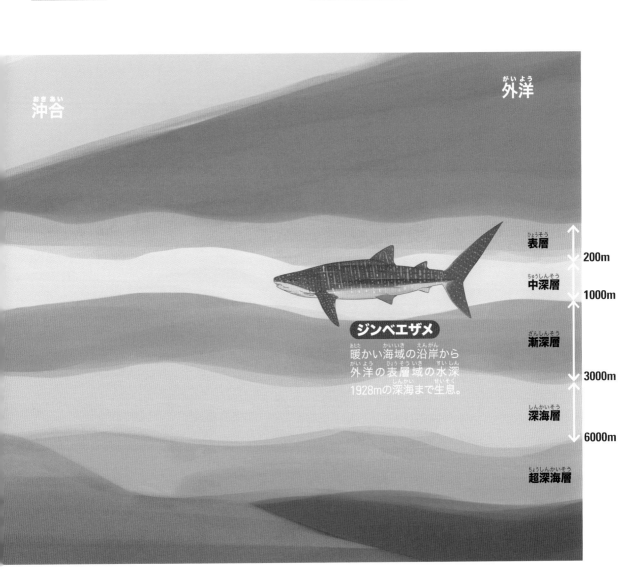

沖合

外洋

表層

200m

中深層

1000m

ジンベエザメ

暖かい海域の沿岸から外洋の表層域の水深1928mの深海まで生息。

漸深層

3000m

深海層

6000m

超深海層

クラカケザメ科

Parascylliidae

日本固有種のサメもいる

体はとても細長い。第1背ビレは腹ビレのかなり後ろにある。臀ビレは第2背ビレより前にあり、尾ビレから離れている。

ネックレスカーペットザメ（ネックレスクラカケザメ）

Parascyllium variolatum

体は細長く、ウナギのような姿でクネクネと動く。頭部後方部分に帯状の模様があり、ネックレスのように見えることから名前が付けられた。性格は臆病で日中は海底や岩場からほとんど動かないことが多いが、夜になると活発に動く。

卵生

最大全長90cmほど

両背ビレは後方にある。

灰褐色〜暗褐色で、全体的に白い斑点が散らばる。

頭部、胸ビレあたりに黒色帯がある。

全体的に細長い。

吻は短く、丸い。

●**分布**：オーストラリア南部の海域。岩場、砂地や浅海の海底に生息する。
●**食性**：主に貝類と思われる。

第1背ビレと第2背ビレは後方にあり、ほぼ同じ形・大きさ。

頭部は幅広く、平べったい。

茶褐色で、胴回りに鞍のような模様が並ぶ。

喉部には軟骨に支えられた1対のヒゲ状の皮弁が生えている。

クラカケザメ

Cirrhoscyllium japonicum

日本固有種のサメ。胴回りに鞍のような模様が並ぶことからこの名前が付いた。喉のあたりから1対のヒゲ状の皮弁が生えていて、このヒゲで微細な振動などを感じていると思われる。ヒゲの先端を海底につけ、じっとしていることが多い。

●**分布**：南日本の太平洋など。沖合、水深250〜290mの大陸棚に生息する。
●**食性**：頭足類などと思われる。

最大全長50cmほど

卵生

ラスティーカーペットザメ (サビイロクラカケザメ)

Parascyllium ferrugineum

夜は水深5〜150mの岩礁や藻場に生息し、日中は岩場や洞窟に隠れる。夜行性のため、ダイバーに見られることはめったにない。オーストラリア南部の海岸沖に見られるオーストラリア固有種のサメ。

卵生

● **分布**：オーストラリア南部の海域。水深5〜150mの岩場や藻場に生息する。

● **食性**：甲殻類や軟体動物と考えられる。

最大全長80cmほど

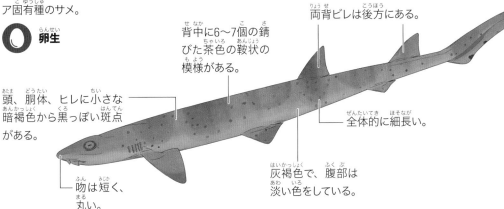

両背ビレは後方にある。

背中に6〜7個の錆びた茶色の鞍状の模様がある。

頭、胴体、ヒレに小さな暗褐色から黒っぽい斑点がある。

全体的に細長い。

灰褐色で、腹部は淡い色をしている。

吻は短く、丸い。

ヒゲザメ

Cirrhoscyllium expolitum

その名前の通り、喉部に非常に長いヒゲ状の皮弁を持っている。

卵生

2個の卵を産む。

● **分布**：中国沖の南シナ海からフィリピンのルソン島まで。日本では種子島沖に生息する。

● **食性**：頭足類などと思われるが、ほとんど分かっていない。

最大全長34cmほど

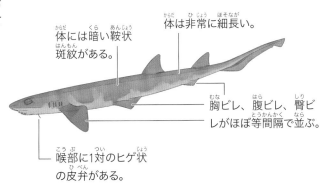

体は非常に細長い。

体には暗い鞍状斑紋がある。

胸ビレ、腹ビレ、臀ビレがほぼ等間隔で並ぶ。

喉部に1対のヒゲ状の皮弁がある。

オオセ科か

Orectolobidae

海底で身を隠して周囲に溶け込む

体は扁平で、口は体の吻端近くにある。頭部の側面にはさまざまな皮弁（皮質突起と呼ばれるヒゲのようなもの）がある。周囲に溶け込み、身を隠しているため、海藻と間違えて近づいた獲物を捕食する。両背ビレは腹ビレと臀ビレの間にあり、臀ビレは尾ビレと接する。

スポテッドウォビゴング

Orectolobus maculatus

雲のように白色の斑紋があることが名前の由来になっている。大型に成長し、集団で近くにまとまることも多い。人間に対しては温厚だが、近づきすぎたり触ったりすると噛みつかれることがある。

🐟 胎生

卵黄依存型胎生。

最大全長3.2mほど

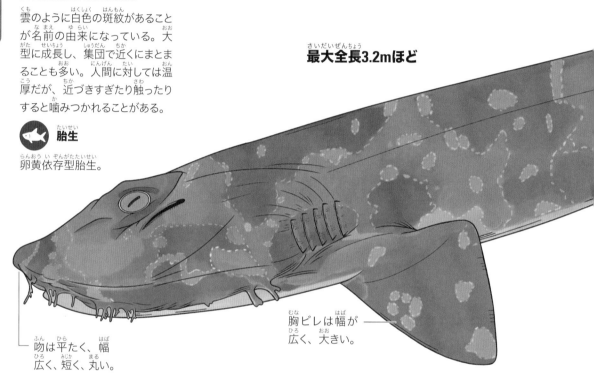

胸ビレは幅が広く、大きい。

吻は平たく、幅広く、短く、丸い。

ウェスタンウォビゴング

Orectolobus hutchinsi

オーストラリアの海域で見られるオオセの仲間。2006年に新種として登録された。下顎にヒゲ状の突起がなく、頭部に2本あるヒゲ状の皮弁も他のオオセの仲間にくらべて短いのが特徴である。

 胎生

卵黄依存型胎生。

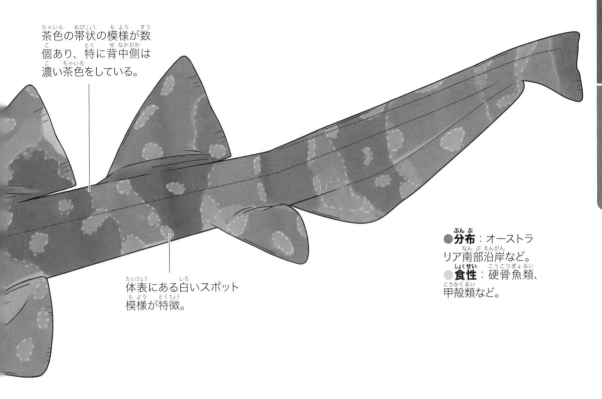

茶色の帯状の模様が数個あり、特に背中側は濃い茶色をしている。

体表にある白いスポット模様が特徴。

●分布：オーストラリア南部沿岸など。
●食性：硬骨魚類、甲殻類など。

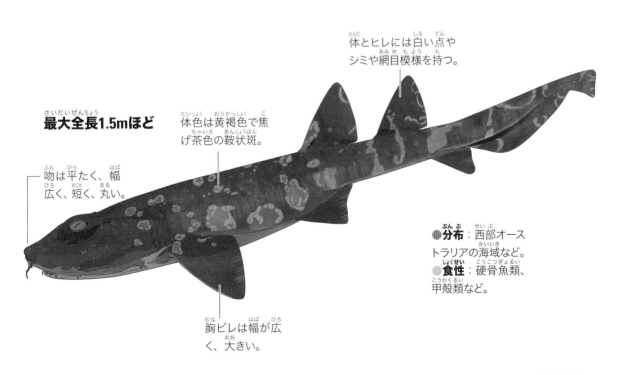

体とヒレには白い点やシミや網目模様を持つ。

最大全長1.5mほど

体色は黄褐色で焦げ茶色の鞍状斑。

吻は平たく、幅広く、短く、丸い。

●分布：西部オーストラリアの海域など。
●食性：硬骨魚類、甲殻類など。

胸ビレは幅が広く、大きい。

タッセルドウォビゴング （アラフラオオセ）

Eucrossorhinus dasypogon

他のオオセの仲間より泳ぎは不得意だが、華やかな体色と複雑な皮弁により強力な保護色を持っている。日中は動かずに洞窟内や岩棚の影にひそんでいる。夜間は活発になり、泳ぎ回って獲物を探す。

 胎生

卵黄依存型胎生。20cmほどの仔ザメを産む。

●分布：オーストラリア北部、ニューギニアの海域など。サンゴ礁や浅瀬に生息。

●食性：底生魚類、サメ類の卵殻やエイ類、頭足類やエビ類など。

第1背ビレの起部は腹ビレ基底中央付近にある。

体色は灰色から黄褐色で暗色の細かな網目状斑紋がある。

胸ビレは幅が広く、大きい。

下顎には複雑な皮弁が並ぶ。

最大全長1.25mほど

オオセ

Orectolobus japonicus

海の底で他の生物に見つからないように擬態して、周囲に溶け込み隠れている。噴水孔を使って呼吸をしているので、絶えず泳ぎ回る必要がなく、獲物を待ち伏せすることができる。

 胎生

卵黄依存型胎生。20尾くらいの仔ザメを産む。

●分布：北太平洋の温帯から亜熱帯の海域など。サンゴ礁などの浅瀬に生息。

●食性：硬骨魚類、甲殻類など。

全体的に褐色で、上下に平たい縦扁形の体。

鞍状斑や白黒の斑点、複雑な模様が散在する。

胸ビレは幅が広く、大きい。

吻は平たく、幅広く、短く、丸い。

先端が分枝した皮弁がある。

最大全長1.18m

ドワーフオルネートウォビゴング

Orectolobus parvimaculatus

「カラクサオオセ」の和名で，日本にも分布すると考えられてきたが，日本で報告されてきたものはオオセの色彩変異した個体であることが判明した。本来の分布域はオーストラリア東岸と考えられている。

 胎生
卵黄依存型胎生。

両背ビレは後方に位置する。

臀ビレは第2背ビレよりも後方にあり，尾ビレの下葉と接する。

黒いドット模様が特徴的。

●**分布**：オーストラリア沿岸など。
●**食性**：底生魚類、無脊椎動物など。

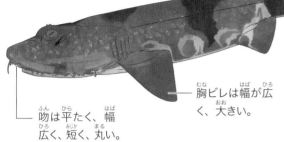

胸ビレは幅が広く、大きい。

吻は平たく、幅広く、短く、丸い。

最大全長1mほど

ノーザンウォビゴング

Orectolobus wardi

小型でかわいらしいサメ。頭部にある皮弁は自分の輪郭を周囲に溶け込ませて隠すためと考えられている。噴水孔で呼吸をするため海底や藻場で身を潜め、待ち伏せ型の捕食をする。

 胎生
卵黄依存型胎生。

最大全長60cmほど

吻は平たく、幅広く、短く、丸い。

下顎の皮弁は本数が少ない。

●**分布**：オーストラリア北部のサンゴ礁域。水深3m未満の砂泥質の海底や岩礁、サンゴ礁などに生息。
●**食性**：底生魚類、無脊椎動物など。

テンジクザメ科

Hemiscylliidae

尾が長くておとなしいサメ

体は円筒形で、尾部が非常に長い。第1背ビレは腹ビレの直後にあるが、第2背ビレは臀ビレよりもかなり前から始まる。臀ビレは多くのもので基底が長く、尾ビレと接する。海底を這うように泳ぐおとなしい性格のサメで、一般的なサメのイメージとは大きくかけ離れたサメ。

イヌザメ

Chiloscyllium punctatum

磯やサンゴ礁などやや入り組んだ環境を好む、とてもおとなしい種。また海の底を移動することが多く、胸ビレを動かしながら這うように進む姿が「地面のにおいをかぎまわりながら歩く犬」に似ていることから、イヌザメという名前がつけられたとされる。背ビレが鎌状になっている。

●**分布**：南日本から北部オーストラリアの太平洋西部海域、インド洋東部海域など。
●**食性**：底生無脊椎動物、小魚など。

最大全長1.32mほど

卵生
単卵性。卵を2個産む。

背ビレの後縁は湾曲して凹み、先端は尖った鎌状。

第1背ビレの起部は腹ビレ基底の中心の直上付近に位置する。

エラ孔の縁は明色になり、よく目立つ。

口の付近には短いひげのようなものが2本生えている。

体の横に黒くて大きな円型の模様がある。

吻は短く、丸く、斑点がない。

尾部が非常に長い。

胸ビレと腹ビレは幅広く、筋肉質。

全体的に茶色〜黄色っぽく、小さな暗色斑点が散在する。

最大全長70cmほど

エパウレットシャーク

Hemiscyllium ocellatum

筋肉が非常に発達していることから、胸ビレを自由に動かし海底を歩くことができる。水面から体が出てしまうような浅い潮だまりでも活動できて、歩くように移動する。

●**分布**：中央インド太平洋、パプアニューギニア。
●**食性**：多毛類、甲殻類、小魚など。

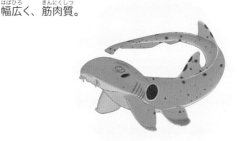

卵生
単卵生で2個の卵を産む。

テンジクザメ

Chiloscyllium plagiosum

浅瀬の岩礁やサンゴ礁などに生息する。夜行性で、日中は岩陰などに隠れていて、夜になると海底を這うように泳ぐ。

●分布：北西部太平洋、北東部インド洋の熱帯から亜熱帯、マダガスカルに分布。
●食性：硬骨魚類やエビやカニなど甲殻類。

○ 卵生
卵は海底に産む。

最大全長95cm

背ビレの後ろの縁はほぼ直線状。

体は細長く、腹ビレより後ろは体全体の2/3ほどある。

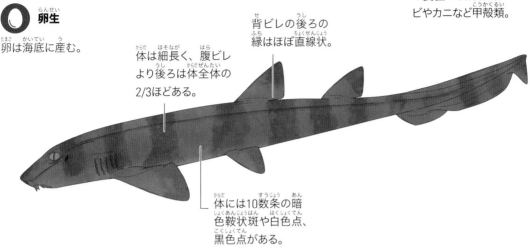

体には10数条の暗色鞍状斑や白色点、黒色点がある。

最大全長79cm

濃淡が微妙に分かれて縞模様のようにもなる。

2基の背ビレはほぼ同じ大きさ・同じ形。

尾部がとても長い。

白っぽい体に明るい褐色の小さな斑点がある。

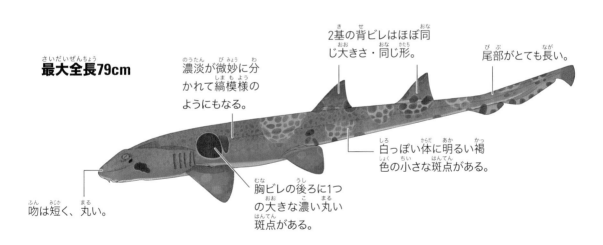

吻は短く、丸い。

胸ビレの後ろに1つの大きな濃い丸い斑点がある。

スペックルドカーペットシャーク

Hemiscyllium trispeculare

黄金色の瞳が美しいサメ。胸ビレを器用に使い海底を移動する、通称"ウォーキングシャーク"の仲間。体全体にヒョウのような特徴的な模様がある。昼間はほとんどを隠れて過ごし、夜になると活動を開始する。その生態は不明な点が多い。

●分布：中部インド洋、オーストラリア北部沿岸域に分布。
●食性：底生無脊椎動物、魚類など。

○ 卵生

シマザメ

Chiloscyllium griseum

浅海に生息し、サンゴ礁を好む。イヌザメよりもひとまわりほど小さいが、形はよく似ている。幼いうちは横縞が入るが、成長とともに徐々にぼやけていく。

卵生

最大全長77cm

背ビレはやや後方にあり、第1背ビレは腹ビレの上にある。

●分布：インド・西部太平洋の沿岸域など。
●食性：主に無脊椎動物。

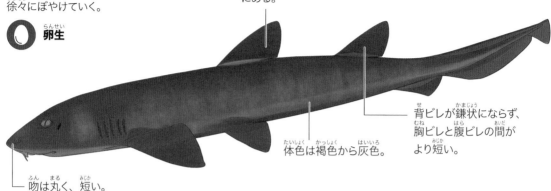

背ビレが鎌状にならず、胸ビレと腹ビレの間がより短い。

体色は褐色から灰色。

吻は丸く、短い。

ハルマヘラエパウレットシャーク

Hemiscyllium halmahera

2013年に発見されたサメ。胸ビレと腹ビレを使って移動する姿がかわいらしいサメ。ウォーキングシャークとも呼ばれる。

卵生

●分布：西部太平洋、インドネシア（ハルマヘラ島近海）。
●食性：甲殻類、小魚など。

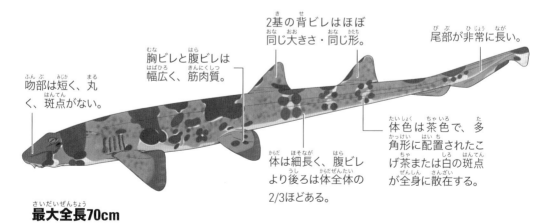

吻部は短く、丸く、斑点がない。

胸ビレと腹ビレは幅広く、筋肉質。

2基の背ビレはほぼ同じ大きさ・同じ形。

尾部が非常に長い。

体は細長く、腹ビレより後ろは体全体の2/3ほどある。

体色は茶色で、多角形に配置されたこげ茶または白の斑点が全身に散在する。

最大全長70cm

アラビアンカーペットシャーク

Chiloscyllium arabicum

夜行性のサメで、昼は岩陰などに隠れていることが多い。卵の殻についた糸の束を岩に引っ掛け、岩の周りをグルグルと回りながら産卵する。子どものサメにはヒレの縁に白い斑点が見られる。

 卵生

●分布：西部インド洋、ペルシャ湾など。水深3〜100mの内湾のサンゴ礁や岩礁域からマングローブ汽水域に生息する。
●食性：軟体動物、エビ、イカ、カニなど。

最大全長80cm

体は単色で茶褐色。

棘のない背ビレは後方にある。

尾ビレは基部が厚くとても長い。

第1背ビレ起点と同じ位置に腹ビレがある。

口は目のかなり前にある。

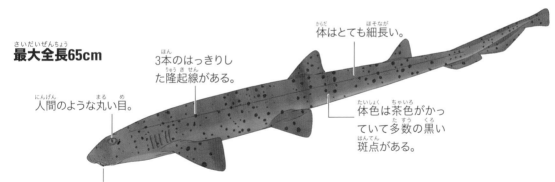

最大全長65cm

人間のような丸い目。

3本のはっきりした隆起線がある。

体はとても細長い。

体色は茶色がかっていて多数の黒い斑点がある。

鼻の下に2本の皮弁（鼻弁）を持つ。

●分布：インド洋〜アラビア海など。沿岸海域の砂泥底に生息する。
●食性：水底に生息する硬骨魚類、エビ、イカ、カニなど。

スレンダーバンブーシャーク

Chiloscyllium indicum

細長い体にある3本のはっきりした隆起線が特徴。仔ザメは白黒の斑模様がはっきりしていて美しいが、成長にともなってくすんでしまう。牙のように見えるのは鼻弁と呼ばれるヒゲのようなもので、エサを探す時などに使用する。底生性のサメで泳がなくても呼吸ができる。

 卵生

コモリザメ科

Ginglymostomatidae

穴の中の獲物を吸い込んで捕食する

円筒形の体と平たい頭で大型になるものが多い。両背ビレは大きい。強力な顎を持つ。商業的に漁獲される他、ゲームフィッシュとしても扱われる。

オオテンジクザメ

Nebrius ferrugineus

昼間は洞窟などで休んでいる。夜間は穴などに潜む獲物を活発に探し、吸い込んで食べる。円筒形の体と平たい頭がある。基本的には夜行性である。日中は20尾を超える群れが洞窟や岩棚の下に集まり、積み重なって休んでいる光景が見られる。

🦈 **胎生**
無体盤性胎生で、テンジクザメ目唯一の卵食性。

最大全長3.2m

背面は黄・赤・灰色などがかった茶色、腹面は灰白色。

目は小さい。

吻は短く、丸い。

胸ビレは細く尖って鎌形をしている。

背ビレは2基で第2背ビレは臀ビレと同じ位置にある。

頭部が丸く、広い。

目は非常に小さい。

口の下にヒゲ状の皮弁がある。

背面は暗褐色で、腹面はやや色が薄い。

最大全長75cm

● **分布**：東アフリカ沿岸の熱帯海域。
● **食性**：小魚、軟体動物、甲殻類など。

尾ビレが全長の4分の1以下と短い（ショートテール）のが特徴。

ショートテールナースシャーク

Pseudoginglymostoma brevicaudatum

夜行性で昼間はじっとしていることが多い。名前の由来は尾ビレが短いこと。「ナース（世話をする）シャーク（サメ）」はコモリザメと姿が似ていることからと考えられる。卵生で鶏卵よりやや大きく、ねじれた袋状の卵の中で1尾の仔ザメが育つ。

⭕ **卵生**
2個の卵を産む。

ブラカエルルス科

Brachaeluridae

水の外でも生きられる

ブラインドシャークはオーストラリアの固有種のサメである。オーストラリア東岸に分布し、底生で夜行性である。近縁種のアオホソメテンジクザメとは、体の斑点の違い、皮歯が大きいこと、第1・第2背ビレと胸ビレ・腹ビレの大きさなどで区別ができる。水上では厚い下瞼を閉じるため、"Blind shark"という英名が付けられている。

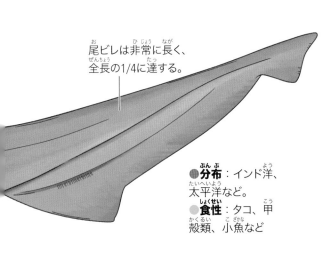

尾ビレは非常に長く、全長の1/4に達する。

●**分布**：インド洋、太平洋など。
●**食性**：タコ、甲殻類、小魚など

ブラインドシャーク

Brachaelurus waddi

オーストラリアだけに生息する固有種。性格はおとなしく、海底でじっとしている。体は頑強で、水上での生存力はかなり高い。しばしば引き潮によって閉じ込められた潮だまりの中を這うように回り、水の外でも長期間生存することができる。水から引き上げると眼球を引っ込め、厚い下まぶたを閉じることから、この名前が付けられたと言われている。

 胎生

無胎盤性の胎生。夏に7〜8尾の仔ザメを産む。

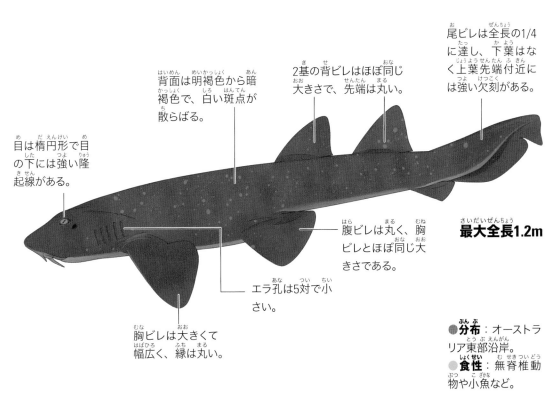

目は楕円形で目の下には強い隆起線がある。

背面は明褐色から暗褐色で、白い斑点が散らばる。

2基の背ビレはほぼ同じ大きさで、先端は丸い。

尾ビレは全長の1/4に達し、下葉はなく上葉先端付近には強い欠刻がある。

腹ビレは丸く、胸ビレとほぼ同じ大きさである。

最大全長1.2m

エラ孔は5対で小さい。

胸ビレは大きくて幅広く、縁は丸い。

●**分布**：オーストラリア東部沿岸。
●**食性**：無脊椎動物や小魚など。

トラフザメ科 か

Stegostomatidae

仔ザメと成魚で模様が違う こ せい ぎょ も よう ちが

成魚ではヒョウ柄の模様と、体の半分近くになる長い尾ビレが特 せいぎょ がら も よう からだ はんぶんちか なが お とく
徴だが、仔ザメでははっきりした縞模様があり、英名ではZebra ちょう こ しま も よう えいめい
shark（シマウマザメ）と言われている。日本では稀な種で、正式 い にほん まれ しゅ せいしき
な報告は佐渡島、千葉県館山、土佐湾、沖縄県宮古島からしか ほうこく さどがしま ちばけんたてやま とさわん おきなわけんみやこじま
ないが、南西諸島ではダイバーによる水中での目撃情報がある。 なんせいしょとう すいちゅう もくげきじょうほう

トラフザメ

Stegostoma tigrinum

仔ザメは背側が暗褐色、腹側が淡黄色で、黒い こ はいそく あんかっしょく ふくそく たんこうしょく くろ
横縞がある。50〜90cmまで成長すると黒い部分 よこじま せいちょう くろ ぶ
が薄くなり、ヒョウ柄模様に変化してゆく。日中は うす がら も よう へんか にっちゅう
海底で休息していて胸ビレで体を持ち上げ、口を かいてい きゅうそく むな からだ も あ くち
流れに向けて呼吸を行う。強い流れが得られる岩 なが む こきゅう おこな つよ なが え いわ
の間の水路が休息場所として好まれる。夜間やエ あいだ すいろ きゅうそくばしょ この やかん
サがある時は活発になる。泳ぎは素早くて力強く、 とき かっぱつ およ すばや ちからづよ
体と尾ビレをウナギのようにうねらせることで進む。 からだ お すす

卵生 らんせい

卵の大きさは20cmほ たまご おお
どで海底に固定するた かいてい こてい
めの糸状の束がある。 いじょう たば

最大全長3.5m さいだいぜんちょう

●**分布**：西部太平洋、 ぶんぷ せいぶたいへいよう
インド洋、日本では よう にほん
日本海、南日本など。 にほんかい みなみにほん
●**食性**：小さな硬骨 しょくせい ちい こうこつ
魚類、甲殻類、軟体 ぎょるい こうかくるい なんたい
動物など。 どうぶつ

仔ザメの頃と成魚で模様が変わる。 こ ころ せいぎょ も よう か

体側に隆起線 たいそく りゅうきせん
がある。

丸みを帯びた吻の まる ふん
下側に短いヒゲ。 したがわ みじか

第1背ビレは第2背 だい せ だい せ
ビレより大きい。 おお

全長のほぼ半分の ぜんちょう はんぶん
非常に長い尾ビレ。 ひじょう なが お

体色は薄黄色で黒い たいしょく うすきいろ くろ
斑点が散らばる。 はんてん ち

背中には黄色や白 せなか きいろ はく
色の斑点が格子状 しょく はんてん こうしじょう
に広がる。 ひろ

体は大きく、しな からだ おお
やかで円筒形。 えんとうけい

大きな胸ビレ。 おお むな

幅の広い平らな はば ひろ たい
頭部と短い吻。 とうぶ みじか ふん

巨大で幅の広い口。 きょだい はば ひろ くち

歯は小さく、ゴマ粒ほど は ちい つぶ
の大きさのものが数千 おお すうせん
本生えている。 ほん は

エラには鰓耙と呼 さいは よ
ばれるフィルターが
ある。

ジンベエザメ科

Rhincodontidae

世界一大きな魚

すべての魚類の中で最大の種で、鯨類以外での最大の動物。エサとなるプランクトンは海面付近に多いため、海面近くでほとんどの時間を過ごす。尾ビレは下葉も長く、「く」の字になっている。

ジンベエザメ

Rhincodon typus

ジンベエザメの背中にある黄色や白色の格子状の斑点模様は、1尾1尾違うため個体を見分けるのに使われる。成長は遅く、大人になるのに30年かかり、寿命は100年以上と考えられている。食事法はダイナミックで大量の海水と一緒にエサを飲み込み、エラにある鰓耙を通してエサだけをこしとり、海水は体の外に出される。

🦈 **胎生**

約300尾の仔ザメを産む。

● **分布**：太平洋、インド洋、大西洋。日本では北海道より南。世界中の暖かい海域の沿岸から外洋の表層域に生息する。

● **食性**：プランクトン、オキアミ、小魚、魚の卵。

大きな尾ビレ。

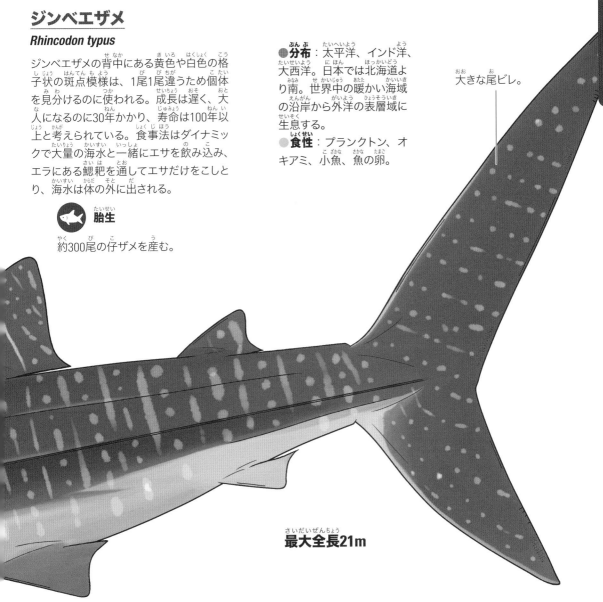

最大全長21m

くらべてみよう
ネズミザメ目

個性的なサメがたくさん

ほとんどが3mを超える大きな体を持つ。大きな口を持つメガマウスザメや体の半分ほどの長い尾ビレを持つオナガザメなど、個性豊かなサメが多い。パニック映画でよく見るホホジロザメもネズミザメ目の一種。

オオワニザメ科

4mを超える大型で深海に生息する。

オオワニザメ P76

シロワニ科

未受精卵に限らず子宮内の他の胎仔も捕食する卵食・共食い型。

シロワニ P77

ミズワニ科

ネズミザメ目の最小種で、世界中の暖かい海の深海層に生息する。

ミズワニ P78

ミツクリザメ科

深海に生息する「生きた化石」と呼ばれる希少なサメ。

ミツクリザメ P79

ネズミザメ目の生息域をくらべよう

沿岸

沖合

シロワニ

水深232mほどまでの沿岸水域。ほとんどの場合水深15〜25m沿岸の穴やくぼみ、岩周囲の海域に生息。

マオナガ

水深400mまでの沿岸から外洋に生息する。主に沿岸部に見られる。

ホホジロザメ

沿岸の浅い水域から大陸棚まで生息。水深1280mまでの中央海域を横断しながら生息する。

ニタリ

通常は沖合。ときおり沿岸の大陸棚300mまでに生息。

ウバザメ

水深200〜1000mの沿岸から大陸棚に生息。回遊性のため、外洋にいることもある。

大陸棚

大陸棚斜面

深海底

超深海底

メガマウスザメ科

口の大きさはサメ界最大級！全世界の暖海域に分布する。

メガマウスザメ P80

オナガザメ科

全長の半分ほどの長い尾ビレを持つのが特徴。

マオナガ P81　ハチワレ P82　ニタリ P82

ウバザメ科

ジンベエザメに次いで大きい！全長10m超のプランクトン食のサメ。

ウバザメ P83

ネズミザメ科

活動的で高い運動能力を持ち、活発に泳ぐ。

ホホジロザメ P84　アオザメ P85
バケアオザメ P84　ネズミザメ P85

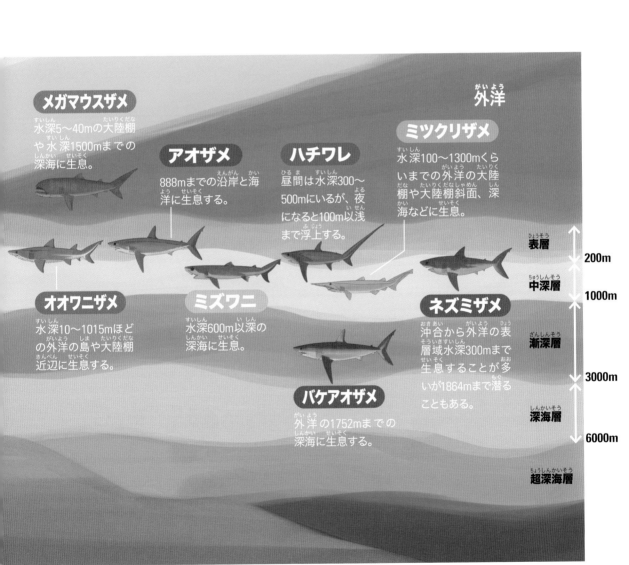

外洋

メガマウスザメ
水深5〜40mの大陸棚や水深1500mまでの深海に生息。

アオザメ
888mまでの沿岸と海洋に生息する。

ハチワレ
昼間は水深300〜500mにいるが、夜になると100m以浅まで浮上する。

ミツクリザメ
水深100〜1300mくらいまでの外洋の大陸棚や大陸棚斜面、深海などに生息。

オオワニザメ
水深10〜1015mほどの外洋の島や大陸棚近辺に生息する。

ミズワニ
水深600m以深の深海に生息。

ネズミザメ
沖合から外洋の表層域水深300mまで生息することが多いが1864mまで潜ることもある。

バケアオザメ
外洋の1752mまでの深海に生息する。

表層　200m
中深層　1000m
漸深層　3000m
深海層　6000m
超深海層

オオワニザメ科

Odontaspididae

世界中に幅広く生息する大型のサメ

体は太くて、最大で4mを超える大型。水深1000mのところでも生息するので人間はあまり見ることができない。歯は鋭く、目が大きいのも特徴だ。

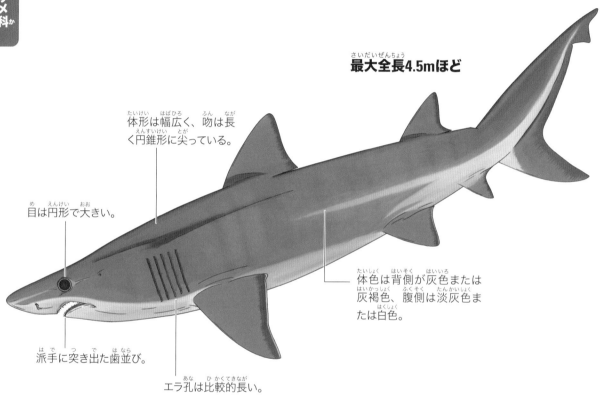

最大全長4.5mほど

体形は幅広く、吻は長く円錐形に尖っている。

目は円形で大きい。

体色は背側が灰色または灰褐色、腹側は淡灰色または白色。

派手に突き出た歯並び。

エラ孔は比較的長い。

オオワニザメ

Odontaspis ferox

生息域に深海を含むので、人と遭遇することはほとんどないと思われる。名前の由来は山陰地方でサメのことを「ワニ」と呼んでいたことがあり、「大きくなるワニ」という意味で名付けられたと思われる。

胎生

卵食型の胎生。

●**分布**：世界中の熱帯から温帯の海域に広く分布すると推測される。外洋の島や大陸棚の近辺に生息しているようである。
●**食性**：小魚や頭足類、甲殻類など。

シロワニ科

Carchariidae

兄弟も食べてしまう、卵食・共食い型

大型の体形と派手に並んだ歯列の外観が恐ろしいが、性格は比較的おとなしいサメである。ネズミザメ目に見られる卵食型に分類されるが、未受精卵だけでなく同じ子宮内の他の胎仔も捕食する卵食・共食い型である。

シロワニ

Carcharias taurus

夜行性で昼間は岩陰などでじっとしていることが多い。他のサメと同じで浮き袋はないが、水面で空気を吸い込み、浮き袋の代わりに胃に空気を溜める。ネズミザメ目に見られる卵食型に分類されるが、シロワニはその最も特殊化したタイプであり、未受精卵だけでなく同じ子宮内の他の子供も捕食する卵食・共食い型である。子宮が2つあり、それぞれに1尾が生き残る。そのため最大で2尾の仔を産む。

 胎生

卵食・共食い型の胎生。

コワモテだけどやさしい性格！

ずっしりとした体格、ずらりと並ぶ鋭い歯、ぎょろっと睨む鋭い目つきは見る人をゾッとさせ、恐ろしい印象を与える。しかし、その外見とは打って変わって性格は穏やかで、よほどのことがない限り人間を襲うことはない。日本では小笠原諸島などに生息している。2021年、アクアワールド茨城県大洗水族館が国内初となる水槽内繁殖に成功した。

第2背ビレと臀ビレはほぼ同じ大きさ。

吻はやや扁平な円錐形。口は大きく、常時半開きになっている。

最大全長4.3mほど

体型は流線型で、太く重量感がある。

牙状の歯がずらりと立ち並び恐ろしい外見。

●**分布**：大西洋の温帯～熱帯域、地中海、インド洋～西部太平洋など。水深15～25mの沿岸の穴やくぼみや岩周囲の海域に生息する。
●**食性**：サメやエイを含む魚類、甲殻類、頭足類など。

ミズワニ科か

Pseudocarchariidae

ネズミザメ目もくの最小種さいしょうしゅ

ミズワニ科かに属する唯一ゆいいつのサメ。初期しょきの頃ころはオオワニザメ科に含ふくまれていたが、その後独立どくりつした科に分類ぶんるいされた。ネズミザメ目もくの最小種さいしょうしゅで、全長ぜんちょう120cmにしかならない。世界中せかいじゅうの暖あたたかい海うみの深海しんかいに生息せいそくする。

ミズワニ

Pseudocarcharias kamoharai

小ちいさなヒレを持もつ、小型こがたで細身ほそみのサメ。1日にちのうちに規則的きそくてきに生息せいそくする水深すいしんを移動どうする習性しゅうせいがあるため（日周鉛直移にっしゅうえんちょくいどう動どう）、日中にっちゅうは深ふかい水深すいしんで生息せいそくし、夜よるは浅瀬あさせに上昇じょうしょうしてエサを捕食ほしょくする。

胎生たいせい

卵食型らんしょくがた、または卵食らんしょく・共食ともぐい型がたの可能性かのうせいもある。産仔さんし数すうは4尾びで、2つある子宮しきゅうにそれぞれ2尾びの仔ザメが育そだつ。

●分布ぶんぷ：インド洋ようや太平たいへい洋よう、大西洋たいせいようの亜熱帯あねったいから熱帯ねったいの海域かいいきに分布ぶんぷ。
●食性しょくせい：小魚こざかなやイカ、エビなど。

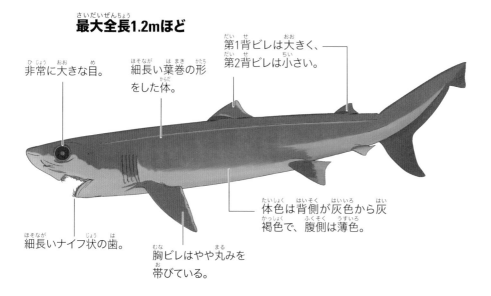

最大全長さいだいぜんちょう1.2mほど

非常ひじょうに大おおきな目め。

細長ほそながい葉巻はまきの形かたちをした体からだ。

第1背だいせびレは大おおきく、第2背せびレは小ちいさい。

細長ほそながいナイフ状じょうの歯は。

胸むなビレはやや丸まるみを帯おびている。

体色たいしょくは背側はいそくが灰色はいいろから灰かっ褐色しょくで、腹側ふくそくは薄色うすいろ。

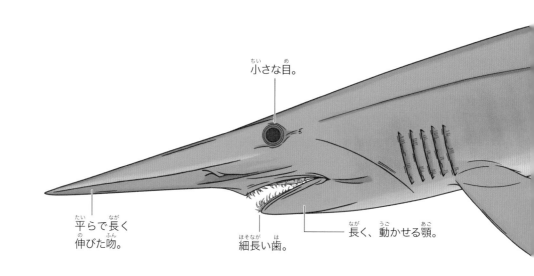

小ちいさな目め。

平たいらで長ながく伸のびた吻ふん。

細長ほそながい歯は。

長ながく、動うごかせる顎あご。

ミツクリザメ科

Mitsukurinidae

見かけもユニークなサメ

ミツクリザメ科は、1属1種でミツクリザメのみが含まれる。深海に生息する極めて稀なサメの一種である。ミツクリザメの体はピンクがかった白で、青みがかったヒレがある。原始的で際立った特徴をしていて、他の全てのネズミザメ目のサメと姉妹群を形成するという考えもある。

ミツクリザメ

Mitsukurinia owstoni

深海に生息し、「生きた化石」と呼ばれる希少なサメである。長い吻はロレンチーニ器官があり獲物を探すのに使われる。獲物を捕るときには口が長く飛び出して大きく開き、長く鋭い歯で捕える。その恐ろしい容姿が西洋の鬼「ゴブリン」に例えられ、英名ではゴブリン・シャークと言われる。深海に生息しているため、滅多に見られない。

 胎生

胎生と思われるが分かっていない。

●**分布**：世界の深海域。日本では関東地方から南の太平洋。
●**食性**：小魚、イカなど。

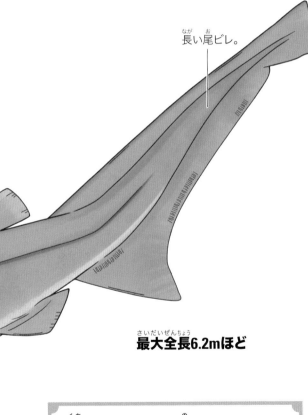

長い尾ビレ。

最大全長6.2mほど

ピンクがかった白で、柔らかくたるんだ体。

口がビヨーンと伸びる！ミツクリザメ

ミツクリザメの上下の顎は捕食の際に素早く伸び、一瞬で獲物を捕える。細長い歯は前歯であり、後歯は少し短く、食べ物を潰すような構造になっている。鼻で獲物の匂いを嗅ぎつけ、捕食する。

メガマウスザメ科

Megachasmidae

まだ生態の多くは不明のニューフェイス

メガマウスザメ科は、1属1種でメガマウスザメのみを含む。エサの捕食はジンベエザメ、ウバザメと同じく、海水ごと飲み込む濾過摂取で、3種のプランクトン食のサメの一種である。報告例は少ないが、分布域は全世界の暖海域に広がる。

最大全長8.2mほど

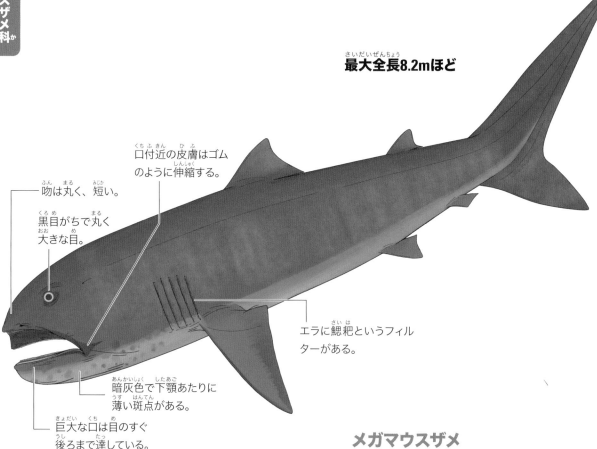

口付近の皮膚はゴムのように伸縮する。

吻は丸く、短い。

黒目がちで丸く大きな目。

エラに鰓耙というフィルターがある。

暗灰色で下顎あたりに薄い斑点がある。

巨大な口は目のすぐ後ろまで達している。

●**分布**：大西洋、インド洋、太平洋の温熱帯海域、日本では常磐沖から熊野灘にかけての太平洋、九州など。昼は深海に、夜は海面近くに浮上する。
●**食性**：プランクトン、浮遊性無脊椎動物など。

メガマウスザメ

Megachasma pelagios

メガマウスザメは「巨大な口をしたサメ」という名の通り、口の大きさはサメ界最大級である。閉じている時はあまり大きく見えないが、口を開いて泳ぐと皮膚が伸びて巨大になる。この口で大量の海水を飲み込み、エラの鰓耙で海水中のプランクトンなどをこして食べる。1976年に初めて発見されたサメで、生態の多くは不明である。

 胎生

胎生と考えられるが妊娠した個体が見つかっていないため不明。

オナガザメ科_か

Alopiidae

尾ビレは全長の半分ほどの長さを持つ

オナガザメ科は、ニタリ・ハチワレ・マオナガの1属3種で構成される。長い尾ビレを持つことが特徴。尾ビレの付け根にはくぼみがあり、太く発達した筋肉が付いている。全世界の暖海域に広く分布するが、ニタリは大西洋からは発見されていない。

●分布：太平洋、大西洋、地中海の温暖な海域。日本では北海道以南など。沿岸から外洋の表層に生息するが深海での目撃情報もある。

●食性：小魚や中型の硬骨魚類、イカなど。

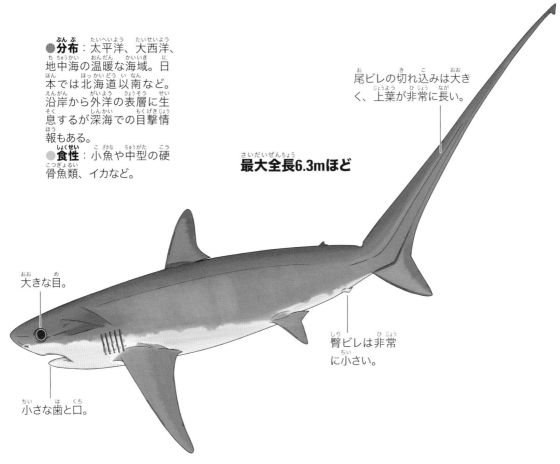

最大全長6.3mほど

尾ビレの切れ込みは大きく、上葉が非常に長い。

大きな目。

臀ビレは非常に小さい。

小さな歯と口。

マオナガ

Alopias vulpinus

長い尾ビレは、獲物を捕獲するために使われる。小魚などの獲物を叩いて気絶させて捕食する。また魚の群れを寄せ集めるとも。海鳥を攻撃して捕らえたという報告もある。釣り針もエサと勘違いして尾ビレで叩くことがあり、尾ビレに針が刺さっていることがある。

 胎生

卵食型の胎生。2〜7尾の仔ザメを産む。

長ーい尾ビレで攻撃！オナガザメ科

とても長い尾ビレを使って獲物を1ヶ所に集め、尾ビレ上葉で小魚を叩き気絶させて捕食する。オナガザメ科が他の科のサメより顎が弱く口が小さいため、気絶させてから捕食するようになった。

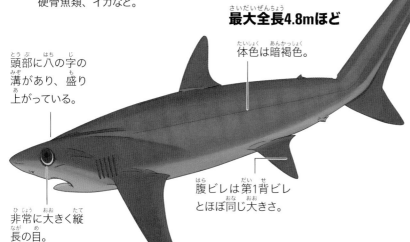

●分布：太平洋、イン
ド洋、大西洋、地中海
の熱帯から温帯海域。
日本では南日本など。
●食性：小魚や中型の
硬骨魚類、イカなど。

長い尾ビレの上部は
全長の半分ほどあり、
根元にはくぼみがあ
る。

最大全長4.8mほど

体色は暗褐色。

頭部に八の字の
溝があり、盛り
上がっている。

腹ビレは第1背ビレ
とほぼ同じ大きさ。

非常に大きく縦
長の目。

ハチワレ

Alopias superciliosus

大きく縦長の目は横から前方、
上方まで見渡せる。オナガザ
メ科では一番大きな目を持つ。
頭部の八の字の溝が特徴的。
大きな目は深い場所からも獲
物を見つけるため、視力に
頼った捕食活動をしている。

 胎生

卵食タイプの胎生。主に2〜
4尾の仔ザメを産む。

長い尾ビレの上部は
全長の半分ほどあり、
根元にはくぼみがあ
る。

ニタリ

Alopias pelagicus

普段は沖合に生息している
が、ときおり大陸棚上の水
深300mの沿岸近くに現れる。
体の上半部が濃い青色で腹
面が白く、胸ビレの先端がや
や丸みを帯びる。マオナガと
よく似ているが、頭部は幅が
狭く、唇の溝がない点など
により、区別することができる。

 胎生

卵食型の胎生。およそ2尾の
仔ザメを産む。

体色は光沢のある
青色に近い灰色。

頭は幅が狭い。

黒目がちで大
きく丸い目。

胸ビレの先端は
尖っている。

●分布：太平洋、インド
洋。日本では日本海、南
日本、八丈島、青森県太
平洋側など。外洋の表層
部に生息するが、より深い
水深での目撃情報もある。
●食性：小魚や中型の硬
骨魚類、イカなど。

最大全長4.2mほど

ウバザメ科

Cetorhinidae

大きさはジンベエザメに次ぐ

ウバザメ科は1属1種で、ウバザメのみ。全長10mを超える、プランクトン食のサメの一つ。ウバザメは最大全長12mに達し、大きさではジンベエザメに次ぐ最大級のサメ。

● **分布**：熱帯と亜熱帯海域を除く、太平洋、インド洋、大西洋、地中海。日本の全域。沿岸から外洋の表層域に生息する。
● **食性**：プランクトンや浮遊性無脊椎動物など。

最大全長12m

体色は暗灰色、または黒っぽい。

体をほぼ一周する大きいエラ孔。

尾柄に腹ビレ後方まで隆起線がある。

黒目がちで、小さく丸い目。

吻先は尖って長い。

口は非常に大きい。

ウバザメ

Cetorhinus maximus

和名は、体側部にあるとても長いエラ孔を、老婆のしわに例えて名付けられたとされる。英名Basking sharkは、このサメが水面近くでエサをとっている様子がまるで日光浴（bask）に見えることから名付けられた。海面近くで大きく口を開けながら、濾過器官である鰓耙を立てた状態で泳ぎ、海水からプランクトンをエラでこしとって食べる。このような仲間はサメ類では珍しく、他にジンベエザメとメガマウスザメの3種のみである。

 胎生

卵食型の胎生と思われる。繁殖は解明されていない。

ネズミザメ科か

Lamnidae

活動的で高い運動能力を持つ

体は紡錘形・流線型で、三日月型の尾ビレを持ち、活発に泳ぐ。ホホジロザメや、アオザメ・バケアオザメは暖海域の沿岸から外洋に広く分布する。一方、ネズミザメは寒冷な環境を好む。

ホホジロザメ

Carcharodon carcharias

とてつもなく高い身体能力を持つ海のハンター。長時間泳ぎ続けるパワーと獲物を襲うときの瞬発力を併せ持っている。口には1本5cmもある鋭い歯が40本以上も並ぶ。血の匂いに敏感で25mプールに数滴の獲物の血液を垂らしただけで匂いを嗅ぎつけられると言われる。人間を襲うと言われるが、イルカやアシカと間違えて襲うようだ。映画「ジョーズ」をはじめ、パニック映画によく使われるのはこのサメ。

胎生

卵食型の胎生。2〜17尾の仔ザメを産む。

大きな第1背ビレと小さな第2背ビレ。

●分布：太平洋、インド洋、大西洋の亜熱帯地域から亜寒帯、温帯、寒冷水域、地中海など。日本でも各地海域。

●食性：海棲哺乳類、硬骨・軟骨魚類、海鳥類、イカ、タコなどの頭足類、甲殻類など。

最大全長6mほど

三日月形の尾ビレ。

筋肉質で太く、大きい体。体色は暗色で腹側は白い。

フチがギザギザな三角形で、ノコギリの歯のよう。

バケアオザメ

Isurus paucus

1960年代まではアオザメと同種と思われていた。体がアオザメよりも丸みを帯びている点や胸ビレが長い点などで区別ができる。丸みを帯びた体形から泳ぐスピードはアオザメよりも遅いと思われる。詳しい生態は分かっていない。

胎生

卵食型の胎生と思われる。2〜8尾の仔ザメを産む。

最大全長4.3mほど

体はアオザメにくらべると少し丸みがある。

アオザメより濃い色でテカリのある青〜青紫色。

腹面は白色。

胸ビレは長く、全長の2割から3割になる。

●分布：世界中の熱帯〜温帯海域に広く分布している。

●食性：硬骨魚類、頭足類などと思われる。

アオザメ

Isurus oxyrinchus

アオザメは全てのサメの中で最も速く泳げると言われる。体温を海水より高く維持する奇網が発達していている。魚の中でも早く泳ぐことで知られるマカジキやメカジキなども襲って食べる。海面から大きく飛び上がることもあり、船に飛び込んだという例もある。

 胎生

卵食型の胎生。4～25尾の仔ザメを産む。

●**分布**：太平洋、インド洋、大西洋の熱帯から温帯水域、地中海など。日本では青森県以南の太平洋、日本海など。
●**食性**：マグロやカツオなどの硬骨魚類、イカなどの頭足類、イルカなどの海棲哺乳類など。

最大全長4.4mほど

大きな第1背ビレ、第2背ビレは小さい。

尾ビレの付け根に1本の強い隆起線がある。

流線型の体で背部は金属のような光沢を持った青色または紫色で、腹面は白色。

エラ孔は大きい。

長くて先の尖った吻。

ネズミザメ

Lamna ditropis

奇網という血管の構造が体温を水温よりも8度くらい高く保っているので、他のサメが棲めないような寒い海でも泳ぎ回り、ふつうに生活をすることができる。北の海でサケなどを食べることから、英名ではサーモンシャークと呼ばれる。中国では、アオザメと一緒にネズミザメのヒレが「フカヒレ」という高級食材とされている。

 胎生

卵食型の胎生。2～5尾ほどの仔ザメを産む。

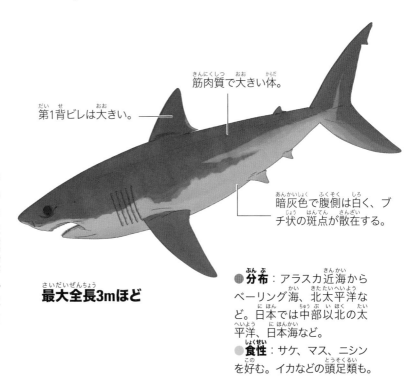

筋肉質で大きい体。

第1背ビレは大きい。

暗灰色で腹側は白く、ブチ状の斑点が散在する。

最大全長3mほど

●**分布**：アラスカ近海からベーリング海、北太平洋など。日本では中部以北の太平洋、日本海など。
●**食性**：サケ、マス、ニシンを好む。イカなどの頭足類も。

くらべてみよう
メジロザメ目

サメの中で最も多様で広範

細長や楕円形の目には瞬皮が、円形の目には瞬膜がある。ヒレは背ビレ2基と臀ビレがある。三日月型でなく、末端近くに切れ込みがある尾ビレが特徴。サメの中で最大の9科（トラザメ科、ヘラザメ科、メジロザメ科、イタチザメ科、タイワンザメ科、ドチザメ科、シュモクザメ科、ヒレトガリザメ科、チヒロザメ科）からなる。

トラザメ科

体は小さく、世界の温・熱帯域および北極の潮間帯から水深2000mに達する深海にまで生息する。

ナースハウンド P92
ナヌカザメ P92
サンゴトラザメ P93
トラザメ P93

メジロザメ科

ドタブカ P102	ヤジブカ（メジロザメ）P106	ホウライザメ P110
ヨゴレ P102	ハビレ P107	ヒラガシラ P111
ヨシキリザメ P103	ガラパゴスザメ P108	ホコサキ P111
オオメジロザメ P104	ハナザメ P108	スミツキザメ P112
クロヘリメジロザメ P104	レモンザメ P109	トガリアンコウザメ P112
クロトガリザメ P105	カマストガリザメ P109	トガリメザメ P113
ツマジロ P106	ネムリブカ P110	ボルネオトガリアンコウザメ P113

メジロザメ目の生息域をくらべよう

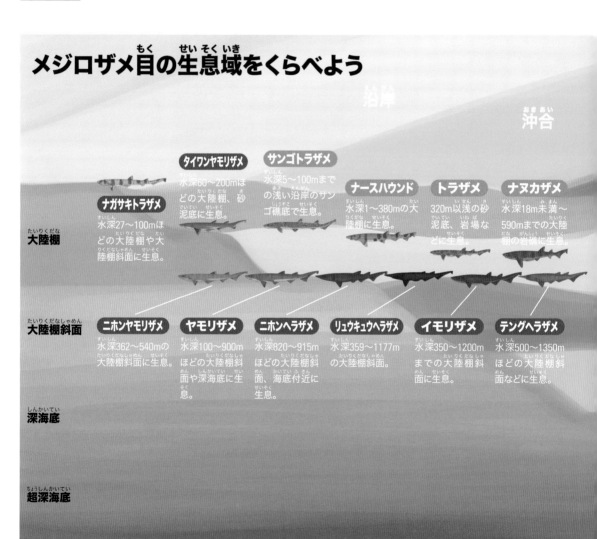

沿岸

沖合

大陸棚

タイワンヤモリザメ
水深60〜200mほどの大陸棚、砂泥底に生息。

サンゴトラザメ
水深5〜100mまでの浅い沿岸のサンゴ礁底で生息。

ナースハウンド
水深1〜380mの大陸棚に生息。

トラザメ
320m以浅の砂泥底、岩場などに生息。

ナヌカザメ
水深18m未満〜590mまでの大陸棚の岩礁に生息。

ナガサキトラザメ
水深27〜100mほどの大陸棚や大陸棚斜面に生息。

大陸棚斜面

ニホンヤモリザメ
水深362〜540mの大陸棚斜面に生息。

ヤモリザメ
水深100〜900mほどの大陸棚斜面や深海底に生息。

ニホンヘラザメ
水深820〜915mほどの大陸棚斜面、海底付近に生息。

リュウキュウヘラザメ
水深359〜1177mの大陸棚斜面。

イモリザメ
水深350〜1200mまでの大陸棚斜面に生息。

テングヘラザメ
水深500〜1350mほどの大陸棚斜面などに生息。

深海底

超深海底

ヘラザメ科

サメ類最大のグループ。11属110種ほどが確認されているが、深海に生息するため、生態がよく分かっていないものも多い。

イタチザメ科

タイワンザメ科

ドチザメ科

シュモクザメ科

ヒレトガリザメ科

チヒロザメ科

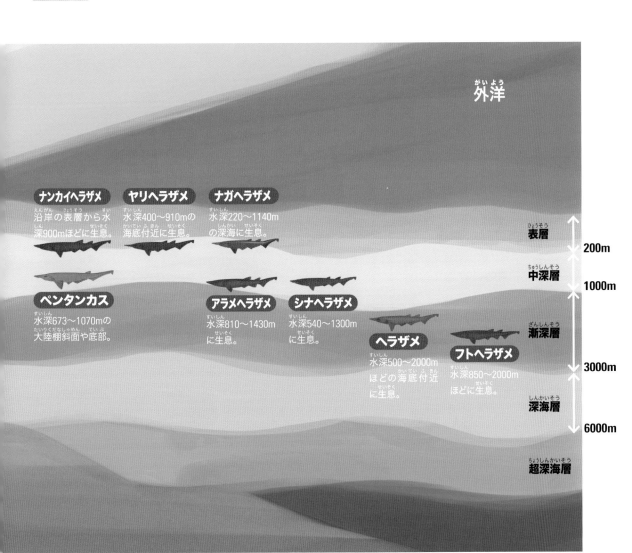

外洋

ナンカイヘラザメ
沿岸の表層から水深900mほどに生息。

ヤリヘラザメ
水深400〜910mの海底付近に生息。

ナガヘラザメ
水深220〜1140mの深海に生息。

ペンタンカス
水深673〜1070mの大陸棚斜面や底部。

アラメヘラザメ
水深810〜1430mに生息。

シナヘラザメ
水深540〜1300mに生息。

ヘラザメ
水深500〜2000mほどの海底付近に生息。

フトヘラザメ
水深850〜2000mほどに生息。

表層
200m
中深層
1000m
漸深層
3000m
深海層
6000m
超深海層

メジロザメ科 <small>か</small>

眼に瞬膜を持ち、尾ビレの基底背面にくぼみがある
など「サメらしい」体つきのサメが多い。

イタチザメ科 <small>か</small>

イタチザメ一種からなる。人を襲うこともあるため、
危険なサメと言われる。

メジロザメ目の生息域をくらべよう

沿岸

ボルネオトガリアンコウザメ
沿岸の深度10mほどの岩礁域に生息。

レモンザメ
水深90mほどの沿岸部に生息。

ハナザメ
沿岸域から水深30mほどに生息。水深100mまで潜ることもある。

ネムリブカ
水深8〜40mほどの表層域の岩場、サンゴ礁、砂泥底に生息。

トガリアンコウザメ
沿岸性で熱帯域の大河の下流域、水深10〜75mほどに生息。

ホウライザメ
沿岸域から水深140mほどまでに生息。

大陸棚

カマストガリザメ
沿岸から沖合の水深140mの大陸棚に生息。

スミツキザメ
沿岸、大陸棚や水深150mほどの海底などに生息。

ホコサキ
沿岸域や水深200mほどの大陸棚に生息。

ヒラガシラ
沿岸から大陸棚上の中層〜海底付近に生息。

トガリメザメ
水深120mほどの大陸棚や島周辺海域などに生息。

ヤジブカ（メジロザメ）
沿岸の表層から水深300mほどまでに生息。

大陸棚斜面

深海底

超深海底

メジロザメ目

トラザメ科

- ナースハウンド P92
- ナヌカザメ P92
- サンゴトラザメ P93
- トラザメ P93

ヘラザメ科

- ヘラザメ P94
- ニホンヤモリザメ P94
- フトヘラザメ P95
- シナヘラザメ P95
- ニホンヘラザメ P96
- ナガヘラザメ P96
- アラメヘラザメ P97
- イモリザメ P97
- リュウキュウヘラザメ P98
- ナンカイヘラザメ P98
- テングヘラザメ P99
- ヤリヘラザメ P99
- ペンタンカス P100
- タイワンヤモリザメ P100
- ヤモリザメ P101
- ナガサキトラザメ P101

タイワンザメ科

- タイワンザメ P115

ドチザメ科

- スポテッドガリーシャーク P116
- ツマグロエイラクブカ P116
- レパードシャーク P117
- ドチザメ P117
- ホシザメ P118
- イレズミエイラクブカ P118
- エイラクブカ P119
- シロザメ P119

シュモクザメ科

- ヒラシュモクザメ P120
- シロシュモクザメ P120
- アカシュモクザメ P121
- ボンネットヘッドシャーク P121

ヒレトガリザメ科

- テンイバラザメ P122

チヒロザメ科

- チヒロザメ P123

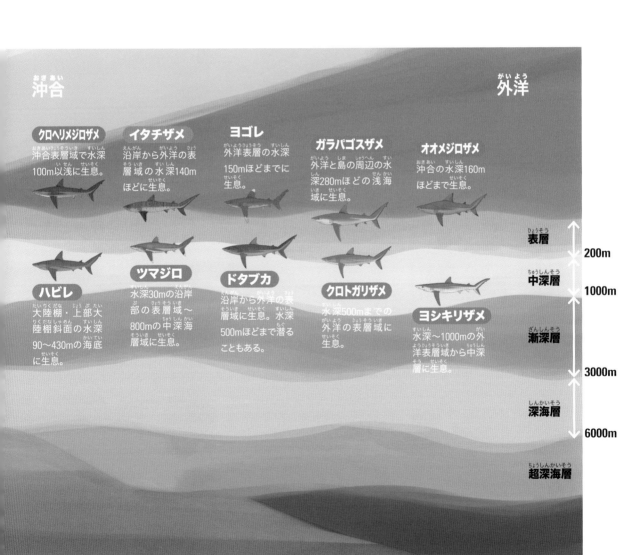

89

タイワンザメ科

3属6種があり、黒色斑点の数により識別される。

タイワンザメ P115

ドチザメ科

第1背ビレが腹ビレよりも前にあり、第2背ビレが第1背ビレより少し小さい。

スポテッドガリーシャーク P116
ツマグロエイラクブカ P116
レパードシャーク P117
ドチザメ P117

ホシザメ P118
イレズミエイラクブカ P118
エイラクブカ P119
シロザメ P119

シュモクザメ科

頭部が左右に大きく張り出した、独特な形のサメ。張り出した部分にあるロレンチーニ器官で、微弱な電気を感知する。

ヒラシュモクザメ P120
シロシュモクザメ P120
アカシュモクザメ P121
ボンネットヘッドシャーク P121

ヒレトガリザメ科

希少種が多く、その生態はよく分かっていない。ほとんどの種は小型で1.4mを超えない。

テンイバラザメ P122

チヒロザメ科

深海性のサメ。胎仔は、母親から提供された卵によって栄養を与えられて育つ。

チヒロザメ P123

メジロザメ目の生息域をくらべよう

沿岸

レパードシャーク
沿岸や沖合の大陸棚。水深20mまでの海底付近。

イレズミエイラクブカ
沿岸の水深90〜100mほどに生息。

スポテッドガリーシャーク
浅い湾の砂泥底、岩礁域など水深50mまでに生息。

ボンネットヘッドシャーク
沿岸の砂泥底やサンゴ礁、水深80m以浅の大陸棚に生息する。

ホシザメ
水深200m以浅の砂泥底に生息。

大陸棚

タイワンザメ
水深50〜320mほどの大陸棚などに生息。

ツマグロエイラクブカ
水深40〜230mほどの大陸棚に生息。

ドチザメ
水深30〜150mほどの内湾や沿岸の砂泥底に生息。

エイラクブカ
水深100mまでの大陸棚縁域から700mほどまでの大陸棚斜面付近に生息。

シロザメ
水深20〜260mほどの砂泥底に生息。

アカシュモクザメ
島周辺海域や大陸棚の水深約300m以深に生息する。

大陸棚斜面

チヒロザメ
水深200〜2500mほどの大陸棚、大陸棚斜面に生息する。

深海底

超深海底

トラザメ科(か)

- ナースハウンド P92
- ナヌカザメ P92
- サンゴトラザメ P93
- トラザメ P93

ヘラザメ科(か)

- ヘラザメ P94
- ニホンヤモリザメ P94
- フトヘラザメ P95
- シナヘラザメ P95
- ニホンヘラザメ P96
- ナガヘラザメ P96
- アラメヘラザメ P97
- イモリザメ P97
- リュウキュウヘラザメ P98
- ナンカイヘラザメ P98
- テングヘラザメ P99
- ヤリヘラザメ P99
- ペンタンカス P100
- タイワンヤモリザメ P100
- ヤモリザメ P101
- ナガサキトラザメ P101

メジロザメ科(か)

- ドタブカ P102
- ヨゴレ P102
- ヨシキリザメ P103
- オオメジロザメ P104
- クロヘリメジロザメ P104
- クロトガリザメ P105
- ツマジロ P106
- ヤジブカ(メジロザメ) P106
- ハビレ P107
- ガラパゴスザメ P108
- ハナザメ P108
- レモンザメ P109
- カマストガリザメ P109
- ネムリブカ P110
- ホウライザメ P110
- ヒラガシラ P111
- ホコサキ P111
- スミツキザメ P112
- トガリアンコウザメ P112
- トガリメザメ P113
- ボルネオトガリアンコウザメ P113

イタチザメ科(か)

- イタチザメ P114

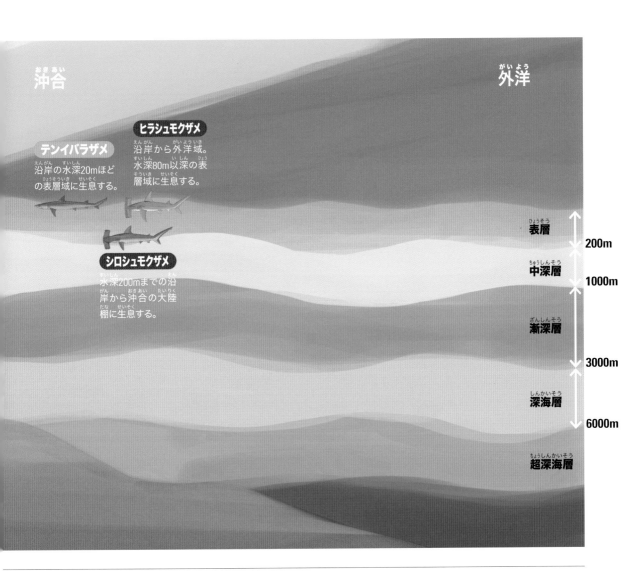

沖合(おきあい) / 外洋(がいよう)

テンイバラザメ
沿岸の水深20mほどの表層域に生息する。

ヒラシュモクザメ
沿岸から外洋域。水深80m以深の表層域に生息する。

シロシュモクザメ
水深200mまでの沿岸から沖合の大陸棚に生息する。

表層(ひょうそう) 200m
中深層(ちゅうしんそう) 1000m
漸深層(ぜんしんそう) 3000m
深海層(しんかいそう) 6000m
超深海層(ちょうしんかいそう)

トラザメ科

Scyliorhinidae

体は小さく性格はおとなしい

トラザメ科は、学名不確定種も多く、分類学的な研究が不十分な分類群でもある。体は小さく、ほとんどのものが全長80cm以下で、体は細長く、棘のない2基の背ビレを持つ。

ナースハウンド

Scyliorhinus stellaris

夜行性で、日中は小さな巣穴に隠れ、夜になると活動する。同種の他のメンバーと交流することがよくある。トラザメの仲間の中で最も大きくなる種類。アクアワールド茨城県大洗水族館で飼育されていたナースハウンドの単為生殖が確認されている。

卵生

壁が厚くツルのある大きな卵を2個産み、それをヤギ類に固定する。

最大全長1.62mほど

吻は短く、先端はやや尖る。

幅広で丸い頭。

がっしりとした体。

2基の背ビレは後方に位置する。

鼻弁は口まで伸びない。

体色は薄い茶色で濃い鞍状の模様と斑点が散らばる。

● **分布**：北東部大西洋、地中海の全域に分布。

● **食性**：さまざまな硬骨魚類、小型のサメ、甲殻類、頭足類など。

ナヌカザメ

Cephaloscyllium umbratile

体は固く頑丈だが、腹部は柔らかくて伸縮性がある。敵に襲われると、海水を飲み込んで、フグのように腹部を膨らませて敵を威嚇したり、岩の隙間に体を固定し、引きずり出されにくくして身を守る。サメとしては大変珍しい習性を持っている。ナヌカザメという名は「陸で七日間も生きられる」ということだが、実際はそんなには生きられない。

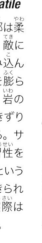

卵生

2個の卵を産む。

背面には7本の暗褐色の鞍状模様や斑点がある。

皮膚は分厚く、大きく、よく石灰化した皮歯で粗く覆われる。

目は横長で細長い。

吻は丸い。鼻孔は大きく短い三角形の前鼻弁がある。

腹面は淡色で、わずかに暗い模様がある。

体は太く、大きな口を持つ。

最大全長1.2mほど

● **分布**：北西部太平洋、北海道から台湾・黄海に分布。

● **食性**：甲殻類、硬骨魚、小さなサメ。

卵殻は人魚の財布

ナヌカザメの卵を覆う卵殻は、四隅にひもがついた独特な形をしていて金色や半透明の色をしている。中にある卵が透けて見え、その美しさから「人魚の財布」と言われている。

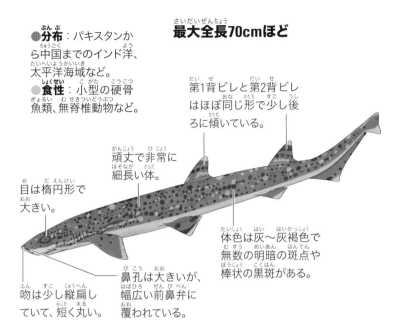

●**分布**：パキスタンから中国までのインド洋、太平洋海域など。
●**食性**：小型の硬骨魚類、無脊椎動物など。

最大全長70cmほど

第1背ビレと第2背ビレはほぼ同じ形で少し後ろに傾いている。

頑丈で非常に細長い体。

目は楕円形で大きい。

鼻孔は大きいが、幅広い前鼻弁に覆われている。

吻は少し縦扁していて、短く丸い。

体色は灰〜灰褐色で無数の明暗の斑点や棒状の黒斑がある。

サンゴトラザメ

Atelomycterus marmoratus

サンゴトラザメは他のトラザメ同様に夜行性で、日中は岩陰に隠れていてほとんど出てこない。夜になるとエサを求めて動き回り、夜が明けるころにはお気に入りの場所に戻る。細長い体を使って狭いサンゴ礁の隙間に入り込む。

卵生

単卵生で2個の卵を産む。

背ビレは後方に位置していて、第1背ビレの先端は丸い。

吻は短く丸い。
目が大きい。

鼻孔の前鼻弁は小さく、口に達しない。

細長い体。

最大全長50cmほど

トラザメ

Scyliorhinus torazame

トラザメの由来は縦の縞の柄。英語ではタイガーではなく、キャット（猫）の名が付いている。名前と違い、小柄でおとなしいサメである。人工的な環境下でも飼育が容易なため、多くの水族館で何代にもわたって飼育され、展示されている。

卵生

単卵生。一度に2個の卵を産む。

●**分布**：台湾、東シナ海、朝鮮半島など。日本では北海道南部以南の各地に分布。
●**食性**：硬骨魚類、頭足類、甲殻類など。

トラザメと同種とされたイズハナトラザメ

あまり泳がず、海底でじっとしている事が多い底生のサメ。近年トラザメと同種とされた。全身にある細かい白点模様が特徴。1985年4月に、下田市白浜沖で発見された新種のサメで、伊豆半島周辺でしか知られていなかったが、千葉外房、台湾など局所的に生息が確認されている。学名にあるtokubeeは、発見した漁師の船の名前（徳兵衛丸）に由来する。

メジロザメ目　トラザメ科

ヘラザメ科

Pentanchidae

サメ類最大のグループ

11属110種ほどが確認されているが、水深200～2200mの深海に生息するため、生態がよくわかっていないものも多い。かつてはトラザメ科の一部だったが、近年の分類の変化により、トラザメ科とヘラザメ科に分かれた。トラザメ科と同じく、全長80cm以下の小型のサメが多い。

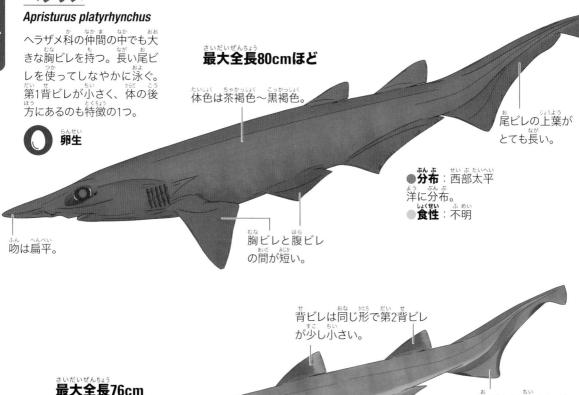

ヘラザメ

Apristurus platyrhynchus

ヘラザメ科の仲間の中でも大きな胸ビレを持つ。長い尾ビレを使ってしなやかに泳ぐ。第1背ビレが小さく、体の後方にあるのも特徴の1つ。

⭕ **卵生**

最大全長80cmほど

体色は茶褐色～黒褐色。

尾ビレの上葉がとても長い。

●**分布**：西部太平洋に分布。
●**食性**：不明

吻は扁平。

胸ビレと腹ビレの間が短い。

背ビレは同じ形で第2背ビレが少し小さい。

最大全長76cm

目が非常に大きい。

尾ビレは小さいが、上縁に大きな鱗がノコギリ状に並ぶ。

灰色～灰褐色で暗色の鞍状斑がある。

吻は長く、先端は丸い。

ニホンヤモリザメ

Galeus nipponesis

普段は海底でおとなしくしているが、敏感なので光や振動などの刺激を受けると動き出す。近種のヤモリザメとは吻先の長さで区別できる。英名の「SAWTAIL」は尾ビレに並ぶノコギリ状の鱗から付けられたと思われる。

 卵生

単卵生で2個の卵を産む。

●**分布**：北西部太平洋の日本近海、相模湾以南と沖縄諸島など。
●**食性**：小型の硬骨魚類、頭足類、甲殻類など。

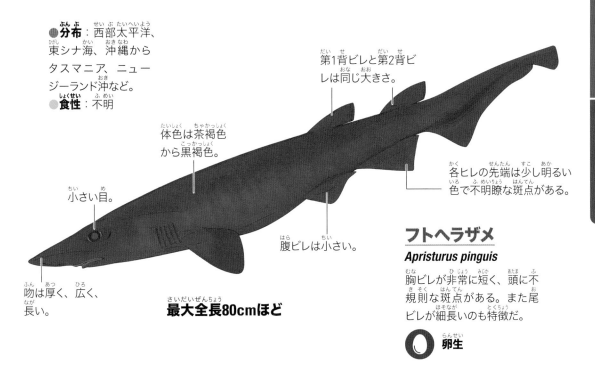

●分布：西部太平洋、東シナ海、沖縄からタスマニア、ニュージーランド沖など。
●食性：不明

体色は茶褐色から黒褐色。

小さい目。

吻は厚く、広く、長い。

第1背ビレと第2背ビレは同じ大きさ。

各ヒレの先端は少し明るい色で不明瞭な斑点がある。

腹ビレは小さい。

最大全長80cmほど

フトヘラザメ
Apristurus pinguis

胸ビレが非常に短く、頭に不規則な斑点がある。また尾ビレが細長いのも特徴だ。

○ 卵生

シナヘラザメ
Apristurus sinensis

サウスチャイナキャットシャークとも呼ばれ、南シナ海の水深537mで捕獲された。ホロタイプによってのみ知られている。

○ 卵生

最大全長75cmほど

第1背ビレは第2背ビレの半分ほどの大きさ。

広く、平らな頭部。

吻はくびれていて斑点が散らばる。

体色は黒色で、目立った模様や斑点は無い。

●分布：中央インド洋〜太平洋、北西オーストラリア沖合など。
●食性：不明

95

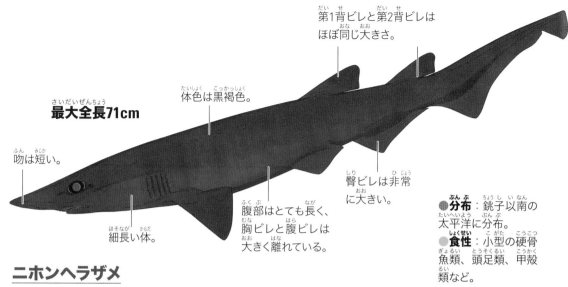

第1背ビレと第2背ビレは
ほぼ同じ大きさ。

体色は黒褐色。

最大全長71cm

吻は短い。

臀ビレは非常
に大きい。

細長い体。

腹部はとても長く、
胸ビレと腹ビレは
大きく離れている。

●分布：銚子以南の
太平洋に分布。
●食性：小型の硬骨
魚類、頭足類、甲殻
類など。

ニホンヘラザメ

Apristurus japonicus

日本の本州、千葉県沖の北西太平洋、
北緯36度から34度の間で見られるヘ
ラザメ科のサメ。一般的には、トロー
ル漁で採取され、油、魚粉やかまぼ
こに使用される。

 卵生

ナガヘラザメ

Apristurus macrorhynchus

特徴的なヘラ状の吻に、ロレンチーニ
器官という、中にゼリーが詰まった直
径1mmほどの小さい孔が多数開いてい
る。エサとなる生物が動く時に発する
微弱な電流や磁場を感知することで、
泥の中の獲物や暗闇で見えなくても
獲物を探し当てることができる。

卵生

最大全長67cmほど

第1背ビレと第2背ビ
レはほぼ同じ形で第2背
ビレが少し大きい。

細長い体。

臀ビレは高さ
が低く、非常
に長い。

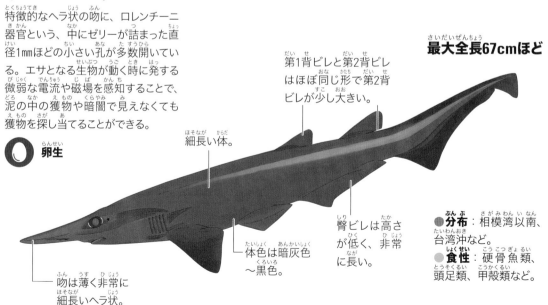

体色は暗灰色
〜黒色。

吻は薄く非常に
細長いヘラ状。

●分布：相模湾以南、
台湾沖など。
●食性：硬骨魚類、
頭足類、甲殻類など。

アラメヘラザメ

Apristurus fedorovi

長いヘラ状の吻で泥の中のエサとなる生物を探す。小型のサメで性格はおとなしい。水深500mより深い水深に生息するため遭遇することはない。

卵生

2個の卵を産む。

●**分布**：銚子以北から北海道の太平洋岸に分布。
●**食性**：小型の硬骨魚類、頭足類、甲殻類など。

最大全長70cmほど

頭部は縦扁する。

臀ビレは大きく、尾ビレの下葉と接する。

体色は黒褐色で斑紋がない。

吻は長く、ヘラ状。

イモリザメ

Parmaturus pilosus

日本近海の深海で確認されている非常に希少なサメである。動きは遅く、海底をゆっくり泳いでいるが、深海のわずかな光を増幅できる大きな目で、エサとなる小型の獲物を見つけ捕食している。英名では「Salamander shark」でサンショウウオザメになる。

卵生

●**分布**：北西部太平洋、日本近海など。
●**食性**：オキアミなど。

最大全長60～65cmほど

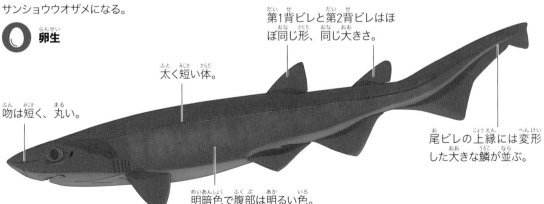

第1背ビレと第2背ビレはほぼ同じ形、同じ大きさ。

太く短い体。

吻は短く、丸い。

尾ビレの上縁には変形した大きな鱗が並ぶ。

明暗色で腹部は明るい色。

リュウキュウヘラザメ

Apristurus macrostomus

リュウキュウヘラザメは希少種で、唯一の標本が南シナ海の珠江沖、水深913mで収集された。全長は約38cmであった。最近、台湾北部沖でよく見られることが判明。この種の生態は不明な点が多い。

●**分布**：インド洋、太平洋中部から北太平洋。南シナ海と東シナ海から日本。
●**食性**：不明

卵生

最大全長64cmほど

体は暗褐色～灰褐色。

胸ビレは大きい。

臀ビレは非常に大きく角張っている。

ナンカイヘラザメ

Apristurus gibbosus

小型のサメ。厚い皮膚に覆われている。

●**分布**：北西部太平洋、南シナ海など。
●**食性**：小型の硬骨魚類、頭足類、甲殻類などと思われる。

卵生

5～7個の卵を産む。

最大全長57cmほど

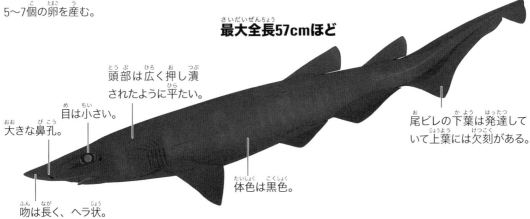

頭部は広く押し潰されたように平たい。

目は小さい。

大きな鼻孔。

尾ビレの下葉は発達していて上葉には欠刻がある。

体色は黒色。

吻は長く、ヘラ状。

テングヘラザメ

Apristurus longicephalus

オスもメスも交尾器官と輸卵管を持ち、お互いに同じ生殖器官を持つという特徴がある。突然変異の奇形ではという説もあったが、複数の個体で同じ特徴が見られたためヘラザメ特有のものと考えられている。オスとメスの役割がどのように決まるのかは分かっていない。

卵生

単卵生で2個の卵を産む。

●**分布**：西部太平洋、インド洋など。日本では四国地方以南の太平洋など。
●**食性**：小型の硬骨魚類、甲殻類、頭足類などと思われる。

第1背ビレと第2背ビレは同じ形で第2背ビレが少し大きい。

体色は暗灰色〜黒色。

臀ビレは高さが低く、非常に長い。

吻は薄く非常に細長いヘラ状。

歯はまばらに生えている。

最大全長60cmほど

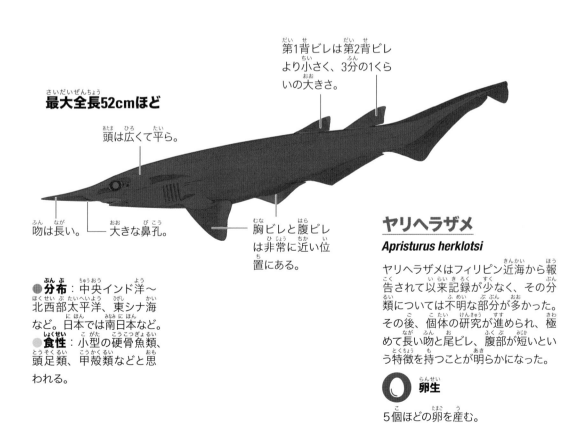

最大全長52cmほど

第1背ビレは第2背ビレより小さく、3分の1くらいの大きさ。

頭は広くて平ら。

吻は長い。　大きな鼻孔。

胸ビレと腹ビレは非常に近い位置にある。

●**分布**：中央インド洋〜北西部太平洋、東シナ海など。日本では南日本など。
●**食性**：小型の硬骨魚類、頭足類、甲殻類などと思われる。

ヤリヘラザメ

Apristurus herklotsi

ヤリヘラザメはフィリピン近海から報告されて以来記録が少なく、その分類については不明な部分が多かった。その後、個体の研究が進められ、極めて長い吻と尾ビレ、腹部が短いという特徴を持つことが明らかになった。

卵生

5個ほどの卵を産む。

ペンタンカス

Pentanchus profundicolus

背ビレが1つしかない点や、臀ビレ、尾ビレが長い点が特徴的。生態については詳しいことは不明。

 卵生

背ビレは1つしかない。

細長い尾ビレ。

非常に長い臀ビレがある。

5つの短いエラ孔。

最大全長51cmほど

●**分布**：フィリピン、タブラス海峡、ミンダナオ海、ボホール島の東。島棚斜面や底部。
●**食性**：不明

尾ビレの上端にノコギリ状の鱗がある。

細長い体。

大きな目。

最大全長50cm

ヒレの縁に黒い斑点がある。

吻は長く、先端は丸い。

タイワンヤモリザメ

Galeus sauteri

ヒレの縁が黒っぽい点や尾ビレにあるノコギリ状の鱗が特徴的。爬虫類の名前がつく魚は多くいるが、「ヤモリ」の名前が付く魚は数えるほどしかいない。あまり見られないため詳しい生態は不明。

○ 卵生

●**分布**：中央インド洋〜北西部太平洋、台湾、フィリピン沖など。
●**食性**：ハダカイワシなど硬骨魚類、甲殻類など。

ヤモリザメ

Galeus eastmani

細長い体がヤモリに似ているので「ヤモリザメ」と名付けられた。ニホンヤモリザメととてもよく似ているが、ヤモリザメは鼻孔前吻長が眼径より小さく、ニホンヤモリザメは眼径よりも大きいことで区別できる。尾ビレにはノコギリのような鱗がついていて、敵が来ると尾ビレをふって撃退する。

○ 卵生

● 分布：北西部太平洋の日本近海など。
● 食性：小型の硬骨魚類、頭足類、甲殻類など。

最大全長50cmほど

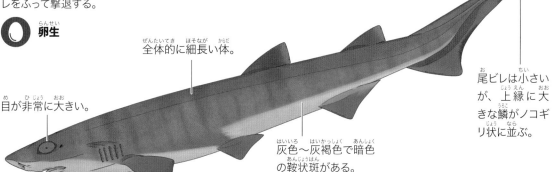

全体的に細長い体。

目が非常に大きい。

灰色～灰褐色で暗色の鞍状斑がある。

尾ビレは小さいが、上縁に大きな鱗がノコギリ状に並ぶ。

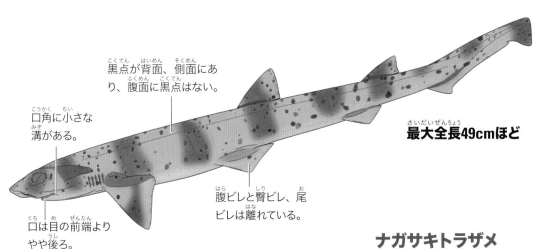

黒点が背面、側面にあり、腹面に黒点はない。

口角に小さな溝がある。

腹ビレと臀ビレ、尾ビレは離れている。

口は目の前端よりやや後ろ。

● 分布：南日本から東シナ海にかけて広く分布。
● 食性：硬骨魚類・甲殻類・頭足類など。

最大全長49cmほど

ナガサキトラザメ

Halaelurus buergeri

長崎方面のみで捕られていたために、ナガサキトラザメと命名したが、その後、南日本から東シナ海にかけて広く分布することが判明している。

○ 卵生

卵生（複卵生）。

メジロザメ科

Carcharhinidae

人に危害を加える危ないサメもいる

目に瞬膜を持ち、尾ビレの基底背面にくぼみがあるなど「サメらしい」体つきのサメが多い。区別はヒレの先端の色だけでなく、歯の形状、ヒレの位置関係などで行われるため、写真からの区別は難しい場合がある。一部の種は人に危害を加える可能性もある。

ドタブカ

Carcharhinus obscurus

塩分濃度の低いところを避けて生息している。特徴は背ビレが小さいことと胸ビレが長く湾曲していることである。成長と成熟が非常に遅く、繁殖力も弱い。乱獲により、その数は減少している。

胎生

母体依存型。胎盤型の胎生。3〜15尾ほどの仔ザメを産む。

最大全長4mを超える

吻は太く、幅広く、短く、丸い。

胸ビレは長く、鎌状で先端は尖る。

ヨゴレ

Carcharhinus longimanus

白い大きな模様がヒレの先端部分にあり、この模様が汚れているように見えることからこの名前が付いた。好奇心旺盛で攻撃的な性格のため、他のサメと戦うことや、人間を襲うことがある。沖合に棲んでいるが、沿岸域にやってくることがあるので、出会ったら注意。

胎生

母体依存型、胎盤型の胎生。14尾ほどの仔ザメを産む。

●**分布**：太平洋、インド洋、大西洋の熱帯〜亜熱帯海域、地中海など。
●**食性**：大型の硬骨魚類や鳥類、ウミガメ、クジラの死肉など。

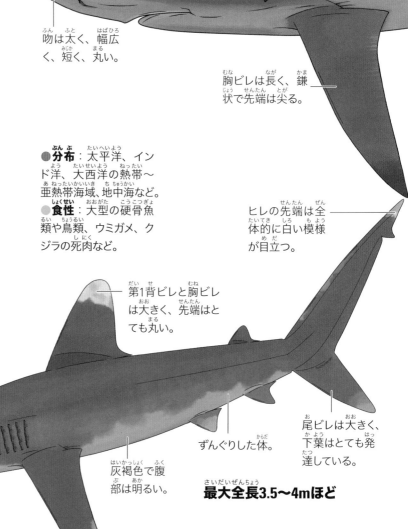

ヒレの先端は全体的に白い模様が目立つ。

第1背ビレと胸ビレは大きく、先端はとても丸い。

ずんぐりした体。

尾ビレは大きく、下葉はとても発達している。

灰褐色で腹部は明るい。

最大全長3.5〜4mほど

吻は短く、先端は丸い。

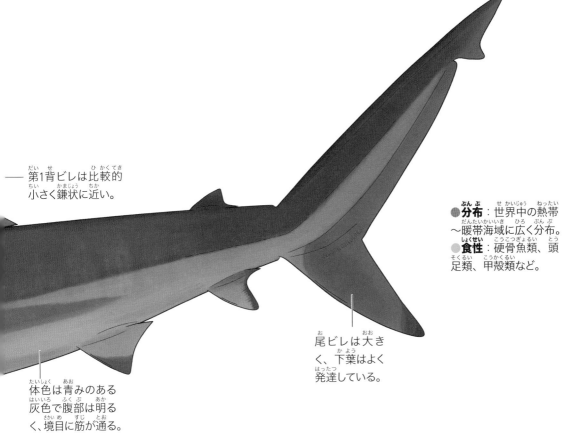

— 第1背ビレは比較的小さく鎌状に近い。

●**分布**：世界中の熱帯〜暖帯海域に広く分布。
●**食性**：硬骨魚類、頭足類、甲殻類など。

尾ビレは大きく、下葉はよく発達している。

体色は青みのある灰色で腹部は明るく、境目に筋が通る。

●**分布**：太平洋、インド洋、大西洋の熱帯〜亜寒帯海域。日本では周辺の全海域など。
●**食性**：硬骨魚類、イカなどの頭足類など。

ヨシキリザメ

Prionace glauca

頭部は飛行機のように細長く、シャープな流線型をしている。きれいな顔立ちをしているが、短気で気性は荒く、人を襲うこともある。他のサメよりも長い距離を回遊する。しばしば群れを作って移動する。体がきれいな青色のため、英名では「Blue Shark」と言われる。

🦈 **胎生**

母体依存型、胎盤型の胎生。約25〜50尾ほどの仔ザメを産む。100尾を超えることもある。

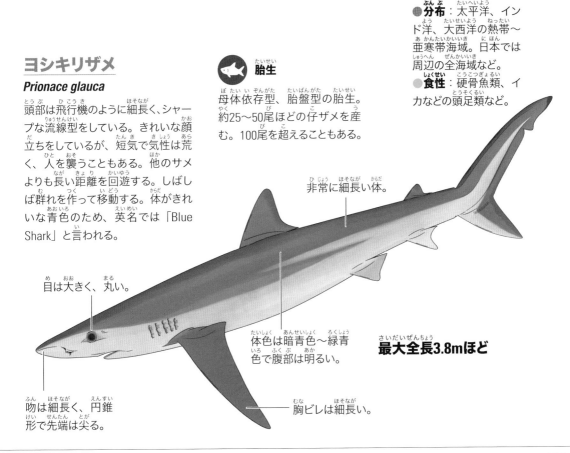

非常に細長い体。

目は大きく、丸い。

体色は暗青色〜緑青色で腹部は明るい。

最大全長3.8mほど

吻は細長く、円錐形で先端は尖る。

胸ビレは細長い。

オオメジロザメ

Carcharhinus leucas

淡水域でも生きられる特殊な能力を持ったサメ。腎臓や直腸などの臓器で浸透圧を一時的に調整することができ、そのため淡水域でも生きることが可能だ。南米のアマゾン川では河口から3700mほどの上流でも確認されている。人を襲う可能性のある危険なサメの一種。

 胎生

母体依存型、胎盤タイプの胎生。1〜13尾ほどの仔ザメを産む。

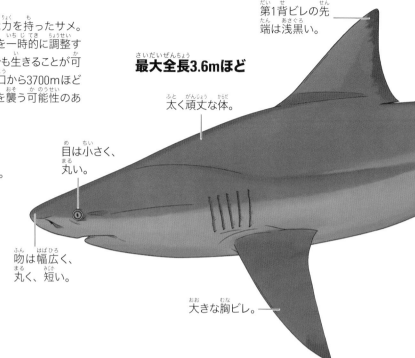

第1背ビレの先端は浅黒い。

最大全長3.6mほど

太く頑丈な体。

目は小さく、丸い。

吻は幅広く、丸く、短い。

大きな胸ビレ。

クロヘリメジロザメ

Carcharhinus brachyurus

メジロザメの仲間の中では体が細長いことが特徴。また、各ヒレの縁が黒っぽくなっていることや、上顎歯の幅が狭く湾曲していることなども、他のサメと見分けるポイントである。活発で動きも俊敏。攻撃的になることもあるので人間にとってもやや危険なサメである。

 胎生

母体依存型、胎盤型の胎生。13〜24尾ほどの仔ザメを産む。

●**分布**：太平洋、インド洋、大西洋の亜熱帯〜温帯海域、地中海など。日本では北海道以南、日本海などに分布。
●**食性**：硬骨魚類やイカ、タコなどの頭足類など。

目は大きく、丸い。

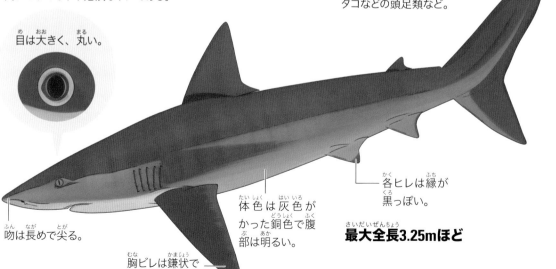

各ヒレは縁が黒っぽい。

体色は灰色がかった銅色で腹部は明るい。

最大全長3.25mほど

吻は長めで尖る。

胸ビレは鎌状で先端が尖る。

●**分布**：太平洋、インド洋、大西洋の熱帯〜亜熱帯の海域など。汽水域、大河やその上流の湖などの淡水域など。日本では南西諸島の近海に分布。

●**食性**：頭足類やサメ類を含む軟骨・硬骨魚類、ウミガメ、海鳥類、海棲哺乳類など。

クロトガリザメ

Carcharhinus falciformis

メジロザメの仲間はよく似ていて見分けるのが難しいが、クロトガリザメは第1背ビレの先端や胸ビレの先端も丸みを帯びていること、背ビレが小ぶりであることで区別できる。活発で攻撃的になることもあるが、攻撃するときは背を丸め、頭を上げて威嚇行動をとる。

胎生
母体依存型、胎盤型の胎生。1〜16尾ほどの仔ザメを産む。

●**分布**：世界各地の熱帯から亜寒帯の海域に広く分布。外洋の表層域に生息する。ときおり、沿岸域に進入したり、水深500mくらいまで潜ることがある。

●**食性**：大型の硬骨魚類など。

第1背ビレは小さめ。

目は比較的大きい。

体色は光沢のある金褐色〜灰褐色で腹部は明るい。

大きくて細長い体。

最大全長3.7mほど

吻は長く、丸い。

長くて幅の狭い胸ビレ。

ツマジロ

Carcharhinus albimarginatus

ツマジロは各ヒレの先端が白銀色なのでこの名が付けられた。同じ仲間で小型のツマグロと異なり3m近くまで成長する。温厚な性格だが、縄張りに侵入されると攻撃態勢に入る。

 胎生

母体依存型、胎盤型の胎生。10尾ほどの仔ザメを産む。

最大全長3mほど

両背ビレの間に隆起線がある。

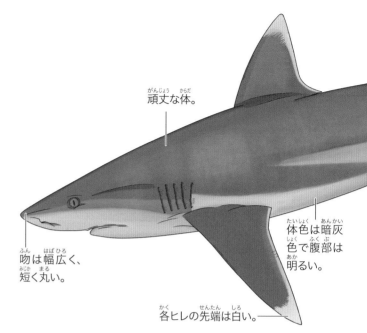

頑丈な体。

体色は暗灰色で腹部は明るい。

吻は幅広く、短く丸い。

各ヒレの先端は白い。

ヤジブカ（メジロザメ）

Carcharhinus plumbeus

メジロザメ科の仲間はどれもよく似ていて区別が難しいが、メジロザメは、第1背ビレが非常に大きく、きれいな三角形で垂直に立っていることで区別ができる。交尾の時期以外、オスとメスは別々の場所でグループを作って生活している。昼夜問わず活発に泳ぎ回る。

 胎生

母体依存型の胎盤型の胎生。5〜12尾のほどの仔ザメを産む。

第1背ビレは非常に大きく高い。胸ビレのやや後方に位置する。

第2背ビレは小さい。

丸い目。

体色は灰色から赤褐色で目立つ模様はない。

胸ビレは長く、先端は尖る。

●**分布**：太平洋、大西洋、インド洋の熱帯〜亜熱帯海域など。日本では南日本の海域に分布。
●**食性**：タコなどの頭足類、サメを含む軟骨・硬骨魚類など。

最大全長3mほど

●**分布**：太平洋、インド洋の熱帯海域など。

●**食性**：硬骨魚類、タコなどの頭足類、小型のサメを含む軟骨魚類など。

ハビレ

Carcharhinus altimus

はっきりとした前鼻弁と三角形の上顎歯、比較的前方にある第1背ビレが特徴である。大型のサメで危険かもしれないが、深海性なので人が遭遇することはほとんどない。夜間は海面近くで捕獲されるため、日周鉛直移動を行うようである。北西部大西洋では季節回遊すると推測されていて、1600〜3200kmの長距離を移動することが記録されている。

胎生

胎盤型の胎生。3〜15尾ほどの仔ザメを産む。

●**分布**：世界中の熱帯・亜熱帯海域など。

●**食性**：底生性の硬骨魚類、頭足類など。

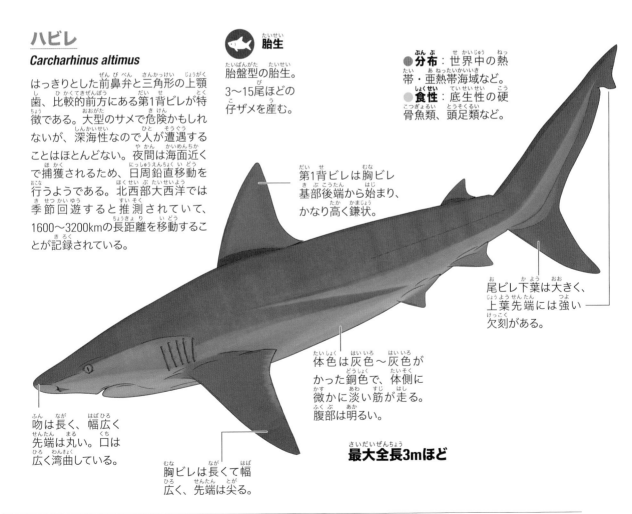

第1背ビレは胸ビレ基部後端から始まり、かなり高く鎌状。

尾ビレ下葉は大きく、上葉先端には強い欠刻がある。

体色は灰色〜灰色がかった銅色で、体側に微かに淡い筋が走る。腹部は明るい。

最大全長3mほど

吻は長く、幅広く先端は丸い。口は広く湾曲している。

胸ビレは長くて幅広く、先端は尖る。

107

ガラパゴスザメ

Carcharhinus galapagensis

ガラパゴス諸島を始め、ハワイやその周辺に生息するサメ。群れを作って生活していて、敵とみなすと攻撃的になる。攻撃前には背を弓なりに反らし、胸ビレを下げて体を震わせ、左右に泳ぎ回り威嚇する行動をとる。

 胎生

母体依存型、胎盤型の胎生。4〜16尾ほどの仔ザメを産む。

● **分布**：太平洋、大西洋、インド洋の熱帯〜亜熱帯の海域など。
● **食性**：タコなどの頭足類、ハタ類、カレイ類などの硬骨魚類、軟骨魚類、甲殻類など。

第1背ビレは高く、大きい。

最大全長3mほど

体色は灰褐色で腹部は明るい。

目は大きく、丸い。

吻は幅広く、丸みを帯びている。

胸ビレは長く、大きい。

ハナザメ

Carcharhinus brevipinna

動きが速く、非常に活発なサメ。群れで行動することが多く、狩りも群れで行う。狩りは小魚の群れに下から突っ込み、口を開けて回転しながら上に勢いよく向かっていく方法で行う。その勢いのまま水上に回転しながら飛び出すことがあることから、「Spinner shark」という英名が付けられた。「カマストガリザメ」と似ているが、第1背ビレがやや後方にあること、成魚は臀ビレの先端に模様があることで区別できる。

 胎生

胎盤型の胎生。3〜15尾ほどの仔ザメを産む。

最大全長3m弱

第2背ビレ、胸ビレ、臀ビレ、尾ビレの先端が黒い。

細身の体。

目は小さく、丸い。

体色は灰色〜灰青色で腹部は明るい。

● **分布**：東部太平洋を除く世界の熱帯〜暖温帯の海域など。日本では相模湾以南など。
● **食性**：小型の硬骨魚類、頭足類など。

吻は非常に長く、尖る。

レモンザメ

Negaprion acutidens

大きくずんぐりとしたサメ。背の色が黄色みがかっていることから「レモンザメ」と言われる。しかし、環境によって黄色みが変わったり、灰色に近い色になることがあるため、判別が難しい場合もある。海底付近をゆっくり泳いでいる。

胎生

母体依存型の胎盤型の胎生。14尾ほどの仔ザメを産む。

●**分布**：中・西部太平洋、インド洋の熱帯〜亜熱帯海域に分布。
●**食性**：サメを含む軟骨・硬骨魚類、甲殻類、頭足類など。

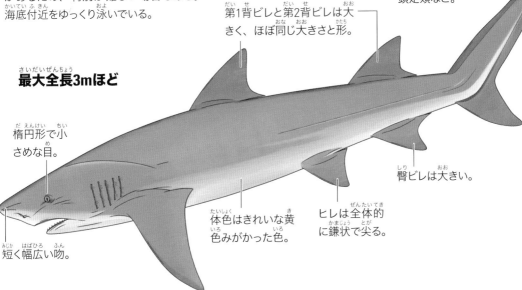

最大全長3mほど

第1背ビレと第2背ビレは大きく、ほぼ同じ大きさと形。

楕円形で小さめな目。

短く幅広い吻。

体色はきれいな黄色みがかった色。

ヒレは全体的に鎌状で尖る。

臀ビレは大きい。

●**分布**：太平洋、大西洋、インド洋の熱帯・亜熱帯の海域など。
●**食性**：頭足類や甲殻類、アジ、イワシなどの硬骨魚類など。

最大で2.8mほど

体色は灰色〜灰褐色で腹部は明るい。

目は小さい。

吻は尖っている。

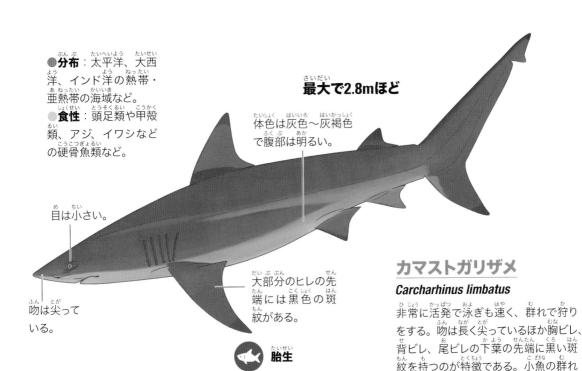

大部分のヒレの先端には黒色の斑紋がある。

胎生

母体依存型、胎盤型の胎生。1〜10尾ほどの仔ザメを産む。

カマストガリザメ

Carcharhinus limbatus

非常に活発で泳ぎも速く、群れで狩りをする。吻は長く尖っているほか胸ビレ、背ビレ、尾ビレの下葉の先端に黒い斑紋を持つのが特徴である。小魚の群れを追いかけて、勢い余って海面からジャンプすることがある。

ネムリブカ

Triaenodon obesus

群れで生活する夜行性のサメ。日中は主に海底や岩かげなどでじっとしている姿が「寝ている」ように見えることでこの名前が付けられた。夜になると狩りのために泳ぎ回る。狩りは集団で獲物を追い込み、しとめる。性格はおとなしく、人を攻撃することはほとんどない。

 胎生

母体依存型、胎盤型の胎生。1～5尾ほどの仔ザメを産む。

●分布：太平洋、インド洋の熱帯海域。日本では九州、南西諸島、伊豆七島などに分布。
●食性：硬骨魚類、頭足類、甲殻類など。

最大全長2.13mほど

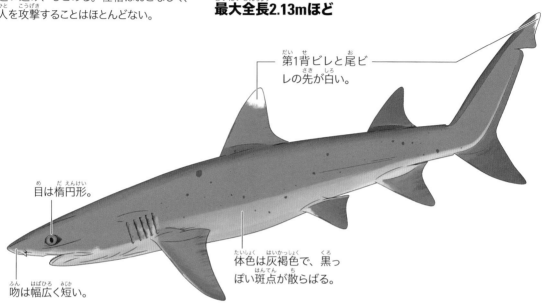

第1背ビレと尾ビレの先が白い。

目は楕円形。

吻は幅広く短い。

体色は灰褐色で、黒っぽい斑点が散らばる。

ホウライザメ

Carcharhinus sorrah

乱獲で数が減りつつあり、絶滅の恐れがある。浅瀬にも生息するため釣りなどでも捕獲されている。胸ビレと第2背ビレ、尾ビレ下葉の先端が黒いので、「ハナザメ」や「カマストガリザメ」とよく似ているが、第1背ビレ、第2背ビレにかけて、背中隆起線があるので区別ができる。

 胎生

胎盤型の胎生。1～8尾ほどの仔ザメを産む。

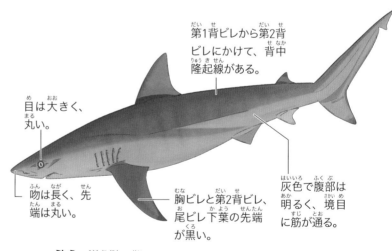

第1背ビレから第2背ビレにかけて、背中隆起線がある。

目は大きく、丸い。

吻は長く、先端は丸い。

胸ビレと第2背ビレ、尾ビレ下葉の先端が黒い。

灰色で腹部は明るく、境目に筋が通る。

●分布：南日本、西部太平洋、インド洋の熱帯海域など。
●食性：小型の硬骨魚類、頭足類など。

最大全長1.6m

ヒラガシラ

Rhizoprionodon acutus

細長い小型のサメ。両顎の歯は大きく外側に傾いていて、その切縁は滑らかである。英名の「Milk Shark」は「ヒラガシラの肉は母乳に良い」とインドで信じられていて、これが由来とされている。

 胎生

胎盤型の胎生。2〜5尾ほどの仔ザメを産む。

● 分布：西部太平洋、インド洋、東部大西洋の熱帯〜亜熱帯海域など。
● 食性：小型の硬骨魚類、頭足類など。

最大全長1.78mほど

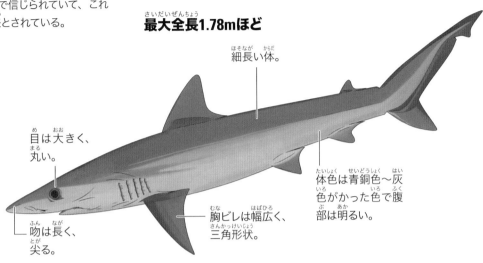

細長い体。

目は大きく、丸い。

吻は長く、尖る。

胸ビレは幅広く、三角形状。

体色は青銅色〜灰色がかった色で腹部は明るい。

最大全長1.1mほど

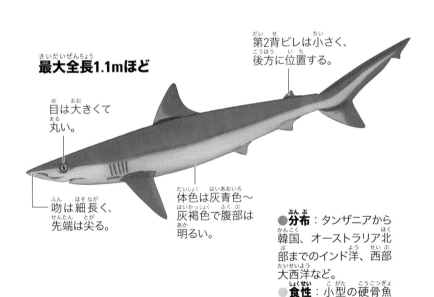

第2背ビレは小さく、後方に位置する。

目は大きくて丸い。

吻は細長く、先端は尖る。

体色は灰青色〜灰褐色で腹部は明るい。

ホコサキ

Carcharhinus macloti

小さく細身のサメ。細長く尖った吻は、軟骨が石灰化していてとても硬い。英名の「Hardnose Shark」（硬い鼻のサメ）もそこから名付けられた。オスとメスでそれぞれ大きな群れをなし、生活している。

● 分布：タンザニアから韓国、オーストラリア北部までのインド洋、西部大西洋など。
● 食性：小型の硬骨魚類、頭足類、甲殻類など。

 胎生

胎盤型の胎生。1〜2尾ほどの仔ザメを産む。

スミツキザメ

Carcharhinus tjutjot

メジロザメの仲間としては小型でおとなしい性格。第2背ビレだけ先端が黒くなっていることが特徴。第2背ビレの先端に墨が付いているように見えることから、この名が付けられた。

胎生

胎盤型の胎生。2尾ほどの仔ザメを産む。

●分布：太平洋〜インド洋など。
●食性：小型の硬骨魚類、頭足類、甲殻類など。

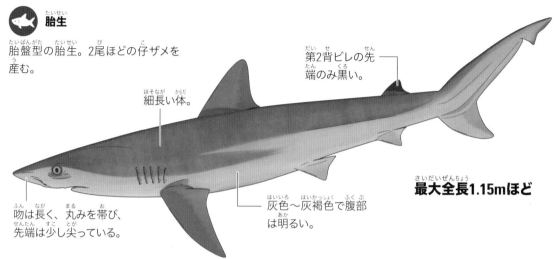

第2背ビレの先端のみ黒い。

細長い体。

灰色〜灰褐色で腹部は明るい。

吻は長く、丸みを帯び、先端は少し尖っている。

最大全長1.15mほど

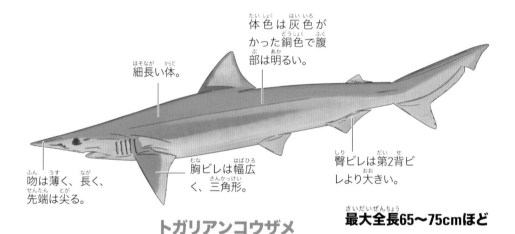

体色は灰色がかった銅色で腹部は明るい。

細長い体。

臀ビレは第2背ビレより大きい。

胸ビレは幅広く、三角形。

吻は薄く、長く、先端は尖る。

最大全長65〜75cmほど

トガリアンコウザメ

Scoliodon laticaudus

小さくずんぐりとしたサメ。吻は平べったく、シャベルのような形をしていて非常に長い。個体数が多い所では、よく大きな群れを作る。体は頑丈で、大河の下流域に進入するが、淡水に耐えられる体をしているかは不明である。

胎生

胎盤型の胎生。14尾ほどの仔ザメを産む。

●分布：西部太平洋、インド洋の熱帯〜亜熱帯海域などに分布。
●食性：小型の硬骨魚類や無脊椎動物など。

目が非常に大きく、後縁に欠刻（切れ込み）がある。

細長い体。

各ヒレは小さめで尖っている。

体色は灰色で、腹部は明るい。

吻は非常に長く、尖る。

最大全長1mほど

トガリメザメ

Loxodon macrorhinus

トガリメザメは目が大きく、目の後縁に欠刻（切れ込み）があるのが特徴である。この切れ込みによって目が尖って見えることから、トガリメザメという名が付けられた。小型でシャープな体はサンマに似ているとも言われる。

胎生

胎盤型の胎生。2〜4尾ほどの仔ザメを産む。

●**分布**：西部太平洋、インド洋の熱帯〜亜熱帯海域など。
●**食性**：小型の硬骨魚類、頭足類など。

●**分布**：西部太平洋、インド洋など。日本では南日本など。沿岸の水深10mほどの岩礁底に生息する。大河の下流域にも進入する。
●**食性**：小型の硬骨魚類、無脊椎動物など。

ボルネオトガリアンコウザメ

Scoliodon macrorhynchos

外見はトガリアンコウザメとよく似ていて見分けるのが難しいが、唯一の違いは、第2背ビレから臀ビレまでの長さである。トガリアンコウザメよりもヒレ間が少し長い。

胎生

胎盤型の胎生。10尾ほどの仔ザメを産む。

最大全長70cmほど

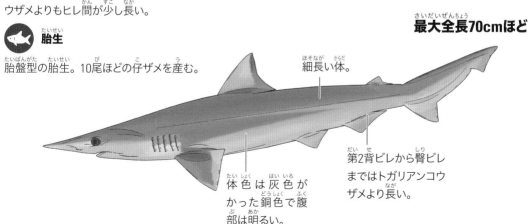

細長い体。

第2背ビレから臀ビレまではトガリアンコウザメより長い。

体色は灰色がかった銅色で腹部は明るい。

イタチザメ科

Galeocerdidae

なんでも食べる危険なサメ

イタチザメ一種からなる。巨大なサメで、最大全長7m
を超える個体も発見されている。沿岸に生息しており、
人を襲うこともあるため、ホホジロザメなどと並んで危
険なサメと言われる。

イタチザメ

Galeocerdo cuvier

主に夜明けや日没の時間帯に活
発に活動する傾向にある。人に
とっても危険性があり、生息地
域では要注意。「海のごみ箱」
の異名を持つほど何でも食べる。
自動車のナンバープレートが胃
袋からでてきたこともある。

胎生

卵黄依存型胎生。10〜80尾の
仔ザメを産む。

最大全長4〜6mほど

●**分布**：太平洋、インド
洋の熱帯、亜熱帯から
温帯海域など。日本では
青森県以南に分布。
●**食性**：硬骨魚類、甲
殻類、哺乳類、鳥類、
軟骨魚類など。

第2背ビレと臀ビレは小
さく、ほぼ同じ大きさ。

吻先は短い。

黒目がちで
大きな目。

鼻先は四角く、
平たくて広い。

若い個体には縞模様が
ある。成熟するにつれ
薄くなり灰褐色になる。

ギザギザでノコギリ状の歯。

タイワンザメ科

Proscylliidae

黒い斑点を持つ小型のサメ

タイワンザメ科は3属6種からなる。小型のサメで、頭や鼻は丸み帯びていて、ほとんどの種の体に黒っぽい斑がある。深海に棲むことからあまりよく生態は知られていない。

タイワンザメ

Proscyllium habereri

泳ぎながら、獲物の匂いを嗅いで、ゆっくり忍び寄って捕まえる。砂に隠れている獲物を掘り起こして食べている可能性もある。名前にタイワンと付いているが、台湾以外の日本や韓国の近海でも生息している。ヒョウザメと似ているが、斑点やヒレの位置で区別できる。

卵生

2個の卵を産む。

●**分布**：西部太平洋沿岸部、朝鮮半島、台湾、中国、東南アジア。日本では千葉県以南など。
●**食性**：小型の硬骨魚類、イカ、タコなどの頭足類、甲殻類など。

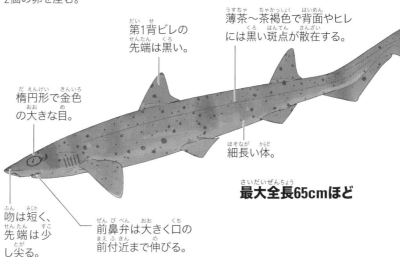

第1背ビレの先端は黒い。

薄茶～茶褐色で背面やヒレには黒い斑点が散在する。

楕円形で金色の大きな目。

細長い体。

最大全長65cmほど

吻は短く、先端は少し尖る。

前鼻弁は大きく口の前付近まで伸びる。

タイワンザメと同種か？別種か？ヒョウザメ

体には暗色斑点が無数にある。性格も穏やかで飼育されることも多い。タイワンザメと同種かどうかは、今でも調査が進められている。

●**分布**：西部太平洋沿岸部など。日本では四国、九州、沖縄の南日本に分布。
●**食性**：小型の硬骨魚類、イカ、タコなどの頭足類、甲殻類など。

ドチザメ科

Triakidae

瞬皮があるものも

目にまぶたのような働きをする瞬皮があり、第1背ビレが腹ビレよりも前にあること、第2背ビレが第1背ビレより少し小さいことなどの特徴がある。

スポテッドガリーシャーク

Triakis megalopterus

体は灰色がかった青銅色で、多くの黒い斑点がある。しかし若い頃は斑点がない、または少ない。歯は小さく尖っており、敷石状になっている。この歯を使って小魚、カニ、小さなサメ、巻貝などを食べる。

🐟 **胎生**

●**分布**：大西洋南東部に分布。
●**食性**：硬骨魚類、甲殻類など。

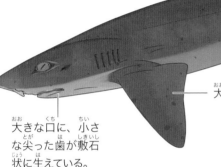

灰色がかった青銅に黒い斑点がある。

最大全長2mほど

大きく幅が広いヒレ。

大きな口に、小さな尖った歯が敷石状に生えている。

●**分布**：インド洋・西部太平洋などで分布。
●**食性**：小型硬骨魚類、頭足類、甲殻類など。

背ビレ、尾ビレ、臀ビレの先端が黒い。

美しい細長い体。

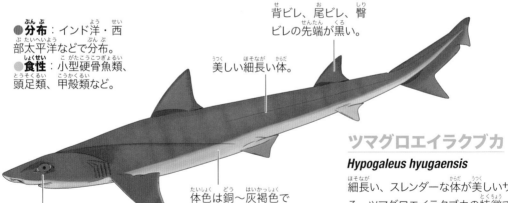

ツマグロエイラクブカ

Hypogaleus hyugaensis

細長い、スレンダーな体が美しいサメである。ツマグロエイラクブカの特徴でもある、ヒレの先端の黒さは幼体ほど顕著である。希少種で捕獲例も少なく、その生態や行動パターンはほとんど分かっていない。

体色は銅～灰褐色で腹部は少し明るい。

目に瞬皮がある。

最大全長1.5mほど

 胎生

2～15尾ほどの仔ザメを産む。

レパードシャーク

Triakis semifasciata

活動的で、砕波帯付近を泳ぎ回る。夜に活発に動き、昼に海底で休む姿も見られる。性別・体の大きさごとに分かれて群れを作っており、魚群を作ることで、捕食動物から身を守っていると考えられる。数百kmも移動する個体もいるが、ほとんどの個体は狭い範囲で一生を過ごす。

胎生

30尾ほどの仔ザメを産む。

●**分布**：主にアメリカ合衆国西海岸とカリフォルニア半島の沿岸に分布。
●**食性**：小型の底生・海岸性の魚類、無脊椎動物など。

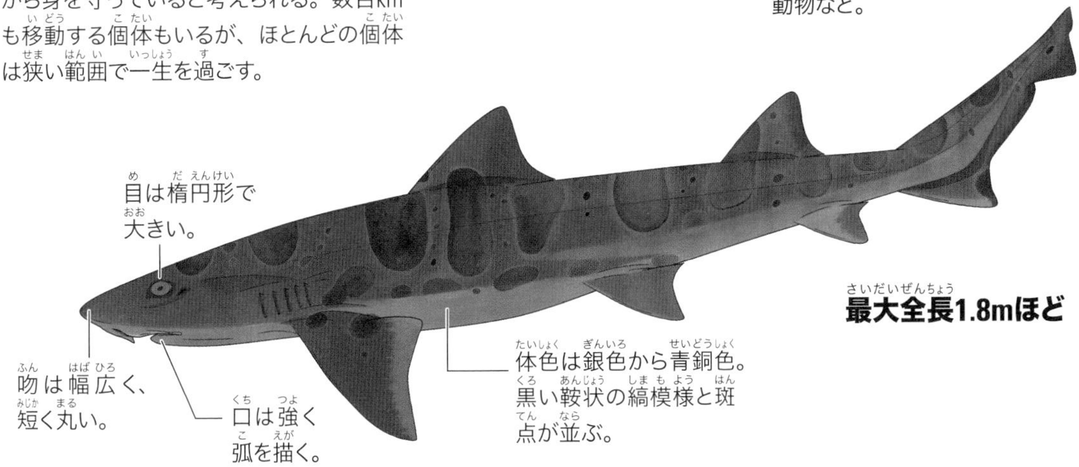
目は楕円形で大きい。
最大全長1.8mほど
吻は幅広く、短く丸い。
口は強く弧を描く。
体色は銀色から青銅色。黒い鞍状の縞模様と斑点が並ぶ。

ドチザメ

Triakis scyllium

水温の変化に強いので飼育しやすいサメである。飼育している水族館も多く、水族館の定番のサメなので会えるチャンスは多い。ドチザメの名前の由来は諸説あるが、「ドチ」はスッポンの別称で頭の形がスッポンに似ていることから付けられたとされている。

胎生

卵黄依存型胎生。10〜20尾の仔ザメを産む。

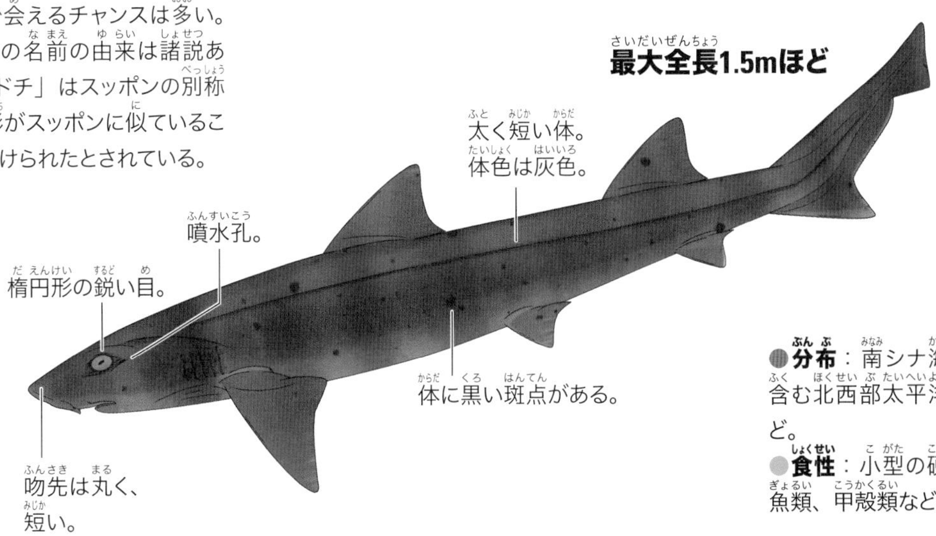
最大全長1.5mほど
太く短い体。体色は灰色。
噴水孔。
楕円形の鋭い目。
体に黒い斑点がある。
吻先は丸く、短い。

●**分布**：南シナ海を含む北西部太平洋など。
●**食性**：小型の硬骨魚類、甲殻類など。

ホシザメ

Mustelus manazo

ホシザメは、体の側面に白い斑点がある。この斑点模様を星に見立てて「ホシザメ」という名前が付けられた。食用にされることも多く、かまぼこや練り物、フカヒレの素材として使われる。胎生で、胎盤は作らず、孵化後は卵黄を吸収しながら成長する。受精後10ヶ月くらいで産まれる。

胎生
母体依存型の胎生。

●分布：南シナ海、東シナ海などの北西部太平洋、西部インド洋など。日本では北海道以南に分布。
●食性：エビやカニ、ヤドカリなどの甲殻類、底生の無脊椎動物など。

最大全長1.35mほど

茶〜灰色で背面に白い斑点模様が散らばる。

細長い体。

敷石状に並ぶ歯。

イレズミエイラクブカ

Hemitriakis complicofasciata

22cmほどの大きさで産まれ、成体でも1mに満たない小型のサメである。希少種で捕獲数、研究も十分でなく、まだ、その生態や行動パターンなどはほとんど分かっていない。

胎生
5〜8尾ほどの仔ザメを産む。

第1背ビレは第2背ビレより高く、腹ビレよりも前にある。第2背ビレは第1背ビレより少し小さい。

最大全長93cmほど

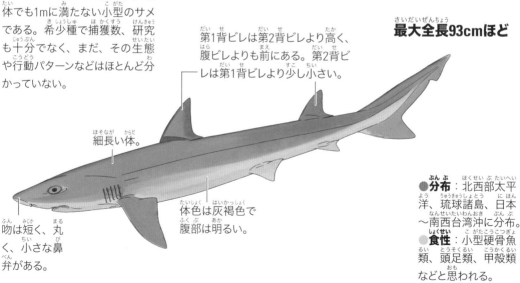

細長い体。

体色は灰褐色で腹部は明るい。

吻は短く、丸く、小さな鼻弁がある。

●分布：北西部太平洋、琉球諸島、日本〜南西台湾沖に分布。
●食性：小型硬骨魚類、頭足類、甲殻類などと思われる。

エイラクブカ

Hemitriakis japanica

ヒレの先が白っぽい。ドチザメ、ホシザメ、シロザメと似ているが、横長の目が側面にあって腹面から見えないこと、歯が薄くて刃状に尖っていることなどで区別ができる。また、性格も非常におとなしいサメである。

胎生

10〜22尾ほどの仔ザメを産む。

●**分布**：北西部太平洋など。日本では千葉県以南など。
●**食性**：小魚、頭足類、甲殻類など。

最大全長1.2mほど

横長の目。腹面からは見えない。

吻はやや長めで尖る。小さな刃のような歯。

体色は灰褐色で腹部は明るい。

尾ビレは小ぶりで下葉は少し発達して、突き出ている。

シロザメ

Mustelus griseus

ドチザメ科のホシザメとよく似ているが白い斑点模様がないことが大きな違いである。また、生息域はホシザメより狭く、日本を含め、アジア沿岸海域で普通に見られる底生性のサメである。おとなしい性格のため飼育にも適しており、水族館などでよく展示される。また、シロザメの肉は臭みも少ないことから食用に使われる。

胎生

母体依存型の胎生。

●**分布**：北西部太平洋の熱帯から温帯海域など。日本では北海道以南などに分布。
●**食性**：エビやカニ、ヤドカリなどの甲殻類など。

最大全長90cmほど

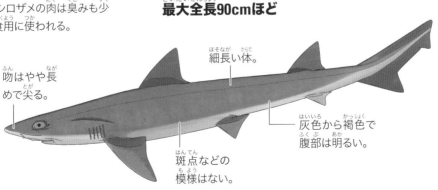

細長い体。

吻はやや長めで尖る。

斑点などの模様はない。

灰色から褐色で腹部は明るい。

シュモクザメ科

Sphyrnidae

頭部で電気を感知する

頭部が左右に大きく張り出しているサメ。このフォルムが鐘を打ち鳴らす撞木のような形をしていることから「撞木鮫」、英語では「Hammerhead shark」（ハンマーヘッドシャーク）と呼ばれている。横に張り出した頭部にはロレンチーニ瓶と呼ばれる微弱な電気を感知する器官がある。

ヒラシュモクザメ

Sphyrna mokarran

シュモクザメ科で最も大きい種。頭部の中央に凹みがあり、長く大きな鎌状の第1背ビレが特徴である。体を交互に、60度ほど傾けて泳ぐ。第1背ビレは胸ビレと同じくらいの大きさなので、第1背ビレを胸ビレと同じ機能で使っていると考えられる。大きなエイなどを好んで食べる。

胎生

母体依存型胎生、胎盤型の胎生。6〜42尾ほどの仔ザメを産む。

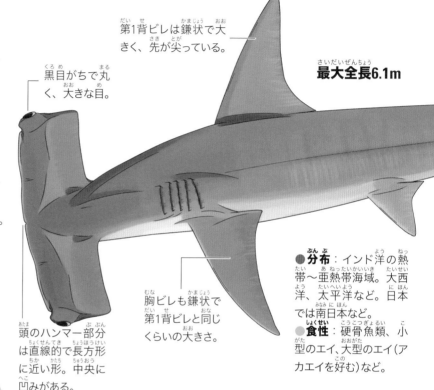

第1背ビレは鎌状で大きく、先が尖っている。

最大全長6.1m

黒目がちで丸く、大きな目。

頭のハンマー部分は直線的で長方形に近い形。中央に凹みがある。

胸ビレも鎌状で第1背ビレと同じくらいの大きさ。

●**分布**：インド洋の熱帯〜亜熱帯海域。大西洋、太平洋など。日本では南日本など。
●**食性**：硬骨魚類、小型のエイ、大型のエイ（アカエイを好む）など。

第1背ビレは少し高くて鎌状、先端は丸い。

紡錘形の体。

体色は灰褐色。

頭部に凹みがない。頭部中央部は、丸く膨らんで盛り上がっている。

最大全長4mほど

シロシュモクザメ

Sphyrna zygaena

シュモクザメの中では最も低温に耐えることができ、高緯度で見られる。肉に白身が混じっていることから、この名前が付けられたとされる。形はアカシュモクザメと似ているが頭部に凹みが無いことで区別ができる。

胎生

母体依存型胎生、胎盤型の胎生。20〜50尾ほどの仔ザメを産む。

●**分布**：熱帯・亜熱帯・温帯海域。太平洋、インド洋、大西洋など。日本では北海道以南の各地。沿岸から外洋域まで広く生息する。
●**食性**：小型魚類や頭足類。小型のサメやエイなどの軟骨魚類など。

アカシュモクザメ

Sphyrna lewini

サメは単独性の種が多いが、アカシュモクザメは数百尾という大きな群れで行動する。和名の「アカ」とは肉の色に赤みが入っていることからで、外観が赤いというわけではない。

胎生

母体依存型胎生、胎盤型の胎生。12〜41尾ほどの仔ザメを産む。

最大全長2.3〜4.3mほど

第1背ビレは胸ビレより少し大きい。

黒目がちで丸く、大きな目。

体色は灰銅色。

前縁が丸く弧を描いていて中央に凹みがある。

胸ビレは鎌状をしている。

●**分布**：太平洋、インド洋、大西洋、地中海の熱帯〜温帯海域など。日本では青森県以南の太平洋、日本海、伊豆諸島、小笠原諸島、沖縄、南日本など。
●**食性**：小型のサメやエイ類、硬骨魚類、タコなどの頭足類など。

ボンネットヘッドシャーク

Sphyrna tiburo

ウチワシュモクザメとも呼ばれる。その名の通り、前端が丸く、うちわやシャベルのような頭をしている。シュモクザメ科の中では一番小さな種である。単為生殖（メスが単独で仔ザメを作る）が、サメの仲間で初めて確認された非常に珍しい種である。

胎生

母体依存型胎生、胎盤型の胎生。4〜21尾ほどの仔ザメを産む。

最大全長80〜150cmほど

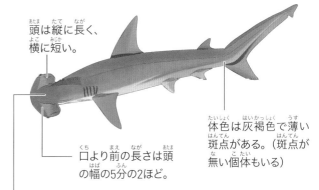

頭は縦に長く、横に短い。

体色は灰褐色で薄い斑点がある。（斑点が無い個体もいる）

口より前の長さは頭の幅の5分の2ほど。

うちわのように丸い頭で、凹みがない。

●**分布**：南北アメリカ大陸の太平洋と大西洋の温帯海域。
●**食性**：小型魚類や頭足類、貝類、甲殻類など。

ヒレトガリザメ科

Hemigaleidae

希少種が多く、その生態は よく分かっていない

ほとんどの種は小型で1.4mを超えないが、例外的に2.4mに達するものもいる（カマヒレザメ）。楕円形の目と小さな噴水孔を持ち、尾柄にはくぼみがある。第1背ビレは腹ビレよりかなり前方に位置する。尾ビレ下葉は発達し、上葉の縁は波打つ。エサは小魚や無脊椎動物で、ヒレトガリザメ属は頭足類食に特化している。

テンイバラザメ

Paragaleus tengi

テンイバラザメは希少種でその生態や行動形態はほとんど分かっていない。人を襲った、危害を加えたという例はないとされている。

 胎生

母体依存型、胎盤型の胎生と思われる。

●**分布**：台湾、香港、マレーシアなどのインド太平洋の沿岸の海域に分布。
●**食性**：小魚、無脊椎動物など。

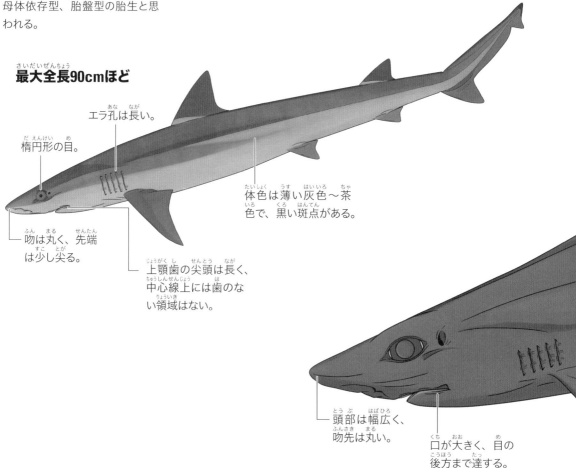

最大全長90cmほど

エラ孔は長い。

楕円形の目。

体色は薄い灰色〜茶色で、黒い斑点がある。

吻は丸く、先端は少し尖る。

上顎歯の尖頭は長く、中心線上には歯のない領域はない。

頭部は幅広く、吻先は丸い。

口が大きく、目の後方まで達する。

チヒロザメ科

Pseudotriakidae

胎仔は卵を食べて育つ

深海性のサメで、発育中の胎仔は、母親の卵によって栄養を与えられて育つ、卵食型の胎生の種を含む。瞬膜を有し、眼窩は細長く、噴水孔は大きいなどの特徴を持つ。

チヒロザメ

Pseudotriakis microdon

幅の広い頭部、丸く短い吻が特徴的。体と口は大きいが歯はとても小さく、口にびっしり細かく並んでいる。巨大な肝臓には大量の肝油を持っていて、この肝臓を浮袋にして体を浮かしている。チヒロは漢字で書くと「千尋」、深い海を表している。

 胎生

母体依存型、卵食型の胎生。2〜4尾ほどの仔ザメを産む。

●分布：中・西部太平洋、北大西洋、インド洋など。
●食性：雑食性、硬骨魚類、頭足類、甲殻類などいろいろなものを捕食する。

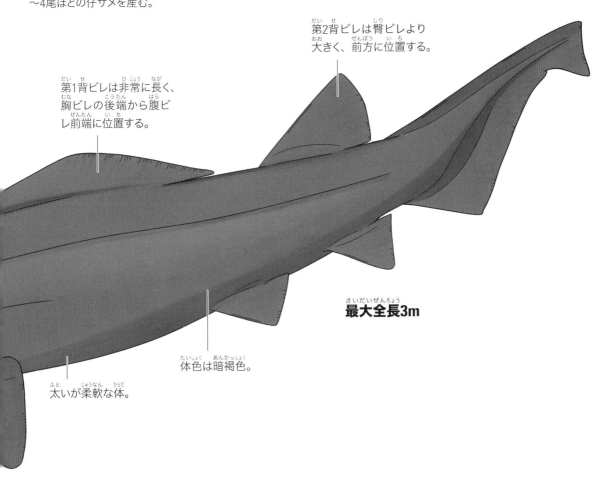

第2背ビレは臀ビレより大きく、前方に位置する。

第1背ビレは非常に長く、胸ビレの後端から腹ビレ前端に位置する。

最大全長3m

体色は暗褐色。

太いが柔軟な体。

サメに会って見くらべてみよう

サメは世界に約530種類も存在しているといわれているけど、
それぞれ生活している環境や見た目は全く違っている。
この本で得た知識を生かして、水族館に行って実際にサメに会ってくらべてみよう。

① 50種類以上のサメをくらべられる！

日本だけでも約120種類ものサメが発見されており、特に茨城県沿岸では36種類のサメが報告されている。その理由は、茨城県には180kmもの長い海岸線があること、そこでは冷たい北から流れてくる親潮と暖かい南から流れてくる黒潮がぶつかる潮目が発生することから、多くの魚が集まりやすい環境ができているため。その側にあるアクアワールド茨城県大洗水族館は、日本で最も多く50種類以上のサメを飼育していて、国内ではそこでしか見られない貴重なネックレスカーペットシャークなどがいる。

② 卵から成長する姿を見くらべる

アクアワールド茨城県大洗水族館は、卵生のサメを多く飼育していて、卵の様子や大きさなどを細かく調べて産卵や孵化に取り組んでいる。また、その研究の成果もあって、アクアワールド茨城県大洗水族館は、日本で初めてイヌザメ、ホーンシャークそしてシマネコザメなどの約8種類ものサメの繁殖に成功した水族館になった。そして、卵から飼育しているからこそできる展示もあって、トラザメなどは卵の中で子どもが成長する様子を見ることができて、成長過程も観察することができる。

③ 似ている！サメをくらべてみよう

水槽にいるサメを自分の目で見て、特定のサメを見つけるには、その特徴を押さえておくのがおすすめだ。同じ「目」や「科」であってもくらべてみると形や模様が違うことがきっとわかるはず。サメのおもしろい違いについて発見してみよう。

ネコザメ目

同じネコザメ目で形が似ているネコザメとホーンシャークをくらべてみよう。

- ネコザメ
- ホーンシャーク

→ ネコザメは小さな黒い点がない。一方で、ホーンシャークは小さな黒い点が体中に散りばめられている。

ツノザメ目

色が似ているツノザメ目のヒゲツノザメとアブラツノザメをくらべてみよう。

- ヒゲツノザメ
- アブラツノザメ

→ ヒゲツノザメは鼻にまるで髭のような突起があるのに対して、アブラツノザメは鼻に突起がついていない。他にもアブラザメは背中に白い点があるのに対してヒゲツノザメは白い点がないという違いもわかる。

メジロザメ目

特徴的な頭をしているアカシュモクザメとシロシュモクザメとボンネットヘッドシャークをくらべてみよう。

- アカシュモクザメ
- シロシュモクザメ
- ボンネットヘッドシャーク

→ 頭の形がわずかに異なり、アカシュモクザメは頭の中央部にくぼみがあるが、シロシュモクザメにはくぼみがないという違いがある。そして、ボンネットヘッドシャークは他の2つにくらべて頭が左右に広がっていないという特徴がわかる。

●アクアワールド茨城県大洗水族館

サメの飼育種類数日本一を誇り、50種類以上のサメを飼育するサメの水族館として知られている。2021年には日本初となるシロワニの水槽内での繁殖に成功し、水槽内で単為生殖によって誕生したトラフザメの展示など、サメの繁殖や調査研究にも力を入れている。3mを超える大型のシロワニやクロヘリメジロザメが悠然と泳ぐ「サメの海1」水槽をはじめ、館内のさまざまな水槽では個性豊かなサメたちに出会うことができる。

〈住所〉 〒311-1301 茨城県東茨城郡大洗町磯浜町8252-3
Tel：029-267-5151【音声案内】 Fax：029-267-5920

〈アクセス〉
最寄り駅 鹿島臨海鉄道 大洗鹿島線 大洗駅
ひたちなか海浜鉄道 湊線 那珂湊駅

〈ホームページ〉
https://www.aquaworld-oarai.com/

さくいん

監修　アクアワールド茨城県大洗水族館

サメの飼育種類数日本一の水族館。世界にも生息する50種類以上のサメを飼育するほか、繁殖にも成功している。またマンボウなど約580種68,000点の世界の海や川の生物に出会うことができる大型水族館。

イラスト　めかぶ

サメ愛好家。奈良芸術短期大学グラフィックデザインコース卒。イラストレーター。古代ザメに関心を持ち始め、サメの絵を描き始めた。著書に『世界のサメ大全』（SBクリエイティブ株式会社）がある。

参考文献

『ゆるゆるサメ図鑑』（学研プラス）
『SHARK サメのふしぎ』（アクアワールド茨城県大洗水族館）
『SHARKS OF THE WORLD 』（Princeton Univ Pr）
『SHARKSサメ―海の王者たち』（株式会社ブックマン社）

装幀・アートディレクション	美柑和俊 [MIKAN-DESIGN]
本文デザイン・表紙	小林沙織
背景イラスト	真崎なこ
編集	平野健太・手塚海香 [山と溪谷社]
	（株）ナイスク　松尾里央・高作真紀・西口岳宏・北橋朝子
原稿協力	笹岡祐二

くらべてわかるサメ

2024年3月30日　初版第1刷発行

監修	アクアワールド茨城県大洗水族館
イラスト	めかぶ
発行人	川崎深雪
発行所	株式会社 山と溪谷社
	〒101-0051 東京都千代田区神田神保町1丁目105番
	https://www.yamakei.co.jp/
印刷・製本	株式会社シナノ

乱丁・落丁、及び内容に関するお問合せ先
山と溪谷社自動応答サービス　TEL.03-6744-1900　受付時間／11：00-16：00（土日、祝日を除く）
メールもご利用ください。　【乱丁・落丁】service@yamakei.co.jp　【内容】info@yamakei.co.jp

書店・取次様からのご注文先
山と溪谷社受注センター　TEL.048-458-3455 FAX.048-421-0513

書店・取次様からのご注文以外のお問合せ先
eigyo@yamakei.co.jp

＊定価はカバーに表示してあります。
＊乱丁・落丁などの不良品は送料小社負担でお取り替えいたします。
＊本書の一部あるいは全部を無断で複写・転写することは著作権者および発行所の権利の侵害となります。

ISBN978-4-635-06361-6
©2024 Mekabu, NAISG All rights reserved. Printed in Japan